鸡蛋，从外打破是食物，从内打破是生命。人生亦是如此，从外打破是压力，从内打破是成长。

潜能：寻找未知的自己

子墨◎编著

尽管人生有那么多的徒劳无功，
梦想，我还是要一次次全力以赴。

中国言实出版社

图书在版 编目(CIP)数据

潜能 : 寻找未知的自己 / 子墨编著. -- 北京 : 中国言实出版社, 2017.6（2022.9重印）
ISBN 978-7-5171-2439-9

Ⅰ. ①潜… Ⅱ. ①子… Ⅲ. ①成功心理－通俗读物
Ⅳ. ①B848.4-49

中国版本图书馆CIP数据核字(2017)第158663号

责任编辑: 张　丽
封面设计: 浩　天

出版发行　中国言实出版社
地　址：北京市朝阳区北苑路180号加利大厦5号楼105室
邮　编：100101
编辑部：北京市海淀区北太平庄路甲1号
邮　编：100088
电　话：64924853（总编室）64924716（发行部）
网　址：www.zgyscbs.cn
E-mail：zgyscbs@263.net

经　销　新华书店
印　刷　三河市京兰印务有限公司
版　次　2017年9月第1版　2022年9月第2次印刷
规　格　880毫米×1230毫米　1/32　印张7.5
字　数　200千字
定　价　38.00元　　ISBN 978-7-5171-2439-9

前　言

我们知道，人的潜能犹如一座待开发的金矿，蕴藏无穷，价值无比，而我们每个人都有一座潜能金矿。但是，由于没有进行各种潜能训练，每个人的潜能从没得到淋漓尽致的发挥。

并非大多数人命里注定不能成为“爱因斯坦”，只要发挥了足够的潜能，任何一个平凡的人都可以成就一番惊天动地的伟业，都可以成为一个新的“爱因斯坦”。

在举重比赛当中，作为举重项目之一的挺举，有一种“500磅(约227公斤)瓶颈”的说法，也就是说，以人体的体力极限而言，500磅是很难超越的瓶颈。499磅的纪录保持者巴雷里，比赛时所用的杠铃，由于工作人员的失误，实际上超过了500磅。这个消息发布之后，世界上有六位举重好手在一瞬间就举起了一直未能突破的500磅杠铃。有一位撑竿跳的选手，一直苦练都无法越过某一个高度。他失望地对教练说：“我实在是跳不过去。”教练问：“你心里在想什么?”他说：“我一冲到起跳线时，看到那个高度，就觉得跳不过去。”教练告诉他：“你一定可以跳过去。把你的心从竿上摔过去，你的身子也一定会跟着过去。”

他撑起竿又跳了一次，果然跃过。心，可以超越困难，可以突破阻挠；心，可以粉碎障碍……正如一位哲人所说：“世界上没有跨越不了的事，只有无法逾越的心。”心中有瓶颈，便限制了人潜在能量的爆发。所以，要想开发和利用生命潜能，最关键的事情在于突破心中的瓶颈。人生最大的挑战就是自己。有位作家说得好：“自己把自己说服了，是一种理智的胜利；自己被自己感动了，是一种心灵的升华；自己把自己征服了，是一种人生的成熟。大凡说服了，感动了，征服了自己的人可以凭借潜能的力量征服一切挫折、痛苦和不幸。”

基于这样的认识，本书就从如何开发潜能出发，告诉我们无论面对怎样的环境，面对怎样的困难，都不能放弃自己的信念，放弃对生活的热爱。要时刻相信潜能的力量是无穷的，只要你用信心去引爆。

目　录

|第一章|

升级你的大脑

|第二章|

打开生命的潜能

|第二章|

唤醒你的创新力

|第四章|

开启信念的力量

|第五章|

提升交际能力

|第六章|

善用洞察力

第一章 升级你的大脑

大脑的可塑性

人类的大脑的潜意识里具有许多非同寻常的伟大能力。虽然并没得到广泛承认，其中有些能力的确在很久以前就已经为人们所熟知，而另外一些已经在心理学家的不懈努力下变得日渐暴露在人们的视线里。相当多的司空见惯的行为，只有当我们不再用惯常的眼光来看待它们时，才能体现出它们真正的美好。熟练的打字员能做到这件事的原因完全是因为他训练有素的手指，而同样的道理也适用于钢琴演奏家。当突然遭遇紧急情况的时候，汽车驾驶员必须迅速做出正确的反应，当遭遇危险时，他必须“本能地”做出反应，这句话经常被我们挂在嘴边上，但是现在我们才知道，这其实是由于他的潜意识受到过的严格的训练所致。

我们靠五官感知这个世界，习惯于通过五官去看待宇宙，我们的人或神的观念也正源于这些经验，但是，只有通过精神洞察力，我们才能获得真正的观念。这种洞察力需要有精神振动的加速，并且只朝一个固定的方向全力、持久地集中精神意念，才能够获得。精神力量的振动是最纯粹的，也是现有的最强大的力量。

潜意识从不休息，也从不遗忘，它所受过的一切训练都将持续地发挥作用。一直以来，就没有一个合理的解释来告诉我们，为什么这种训练只能间接地、曲折地灌输进我们的潜意识，而无法直接地、有意识地进入我们的潜意识。或者说，只是我们还没找到这个解释，就好像以前的许多事情一样。

正如广播播音员可以通过在睡觉的时候接受电波信号的训练，并把它变为自己的一门技能，而且这门技能将大大超越他在醒着的时候获得的技能。看起来，再没有其他的方法能在对人们的指导上达到同样的效果。从今往后，那些幽默作家大概会这样想象和描述：学校和大学所有的老师和学生们都来运用他们的精神力量，然后他们就可以去睡个觉，并且在睡梦中想办法释放出他们的灵感。事实上，并非如此，"过犹不及"，任何一个理论如果被推向极端，如果被过分地夸大，以致超出合理的范围，都会变成不健全的谬论。

任何人在专家的指导下，对自己每天要依靠信心以及潜意识的力量才能完成的任务列一个清单，他们都会为清单上列出的巨大数目所震惊。这些事情包括我们心脏的跳动，我们呼吸的气息，继而延伸到和朋友见面时我们应该用哪只手和他握手，我们要到哪个口袋里去找我们的铅笔和小刀。

才干和无能之间的区别就如同我们在意识的神秘河流里游泳，不会有哪个游泳者能说出他们学会这项技能之后和之前有什么区别。但是，我们的潜意识很清楚，并且能把我们看起来根本不可能的事情变得简单轻松。

远古时期人的大脑还没有完全开发，因此他们的需求仅限于温饱和自我保护，智力水平也处在很低的阶段。随着社会的发展和外界环境的不断变化，对大脑的要求越来越高，现在人的大脑已经变得相当复杂了。大脑必须时刻更新，以适应新的变化。

从野蛮原始人所使用的小筏到今天的巨型轮船，人类从一个大陆到另一个大陆的过程中，留下了人类思想发展的历程。山顶洞人因为惧怕雷、电、水、火而蜷缩在洞穴里，而今天的工程师却努力让大自然中的各种力量成为人类的仆人，这是两种不同的解决办法，展示了思想的发展轨迹。人类，如果没有了可以思考的头脑，便和猴子没什么两样了，也只能祈祷不会被比它们更迅速、更强壮的生物撕成碎片了。人类只有依靠大风和气候的怜悯才能生存下去。那时，人类就像一个可怜的、温顺的生物，战战兢兢地活在世界当中，甚至连一个阴影都会让他感到恐惧。然而，通过超群的头脑，人类学会了生火为自己取暖，学会了制造武器抵御野蛮动物的进攻，还建造居所来避免自然环境的侵害。通过使用头脑，人类驾驭了自然界中的各种力量；通过运用智慧，人类创造了不可思议的奇迹。人类下一步会做什么，没人知道，因为人类只是开始有意识地使用自己的能力而已，只是开始对深埋在思想深处的深不可测的丰富能量有了模糊的认识。就像掘金者们一样，他已经通过淘洗被小溪冲刷下来的表层砂石的方法淘到了金子。现在，他只是开始更深入地挖掘地底下的矿脉。

我们哀叹森林资源的流失，为逐渐减少的煤、石油等资源担心不已，谴责工厂排放的各种废物，但对最大的浪费——对潜在的智慧能量的浪费——却很少关心。

埃尔默·盖茨教授曾对刚出生的小狗进行训练，以提高它们的视觉或听觉。他把刚刚出生没多久的两组小狗分开来训练，他让某些小狗的特定脑细胞停止作用，以限制这部分细胞的发育，通过训练一些小狗可以分辨出六七种不同深浅的红色和绿色。

大脑的发育情况由其自身的活动和环境决定。你所处的环境越是艰难复杂，大脑使用的次数和强度就越频繁，它的发育也就越快。在大城市打拼多年的人与在乡村舒适惯了的人，大脑是完全不同的。习惯城市的人因为长期面对千奇百怪的刺激和各种紧急的事态，会变得思维敏捷、行动迅速、判断精准。

大脑具有非常强的可塑性。因为职业和习惯的不同，大脑会形成不同的特定状态，它是推动社会发展变化的内在力量，也显示了文明的复杂性。神父经年累月地处理精神事务，他的大脑与律师、商人或建筑师的大脑必定不同的。例如商人因为多年的从商经验，使得他们会呈现出某些鲜明的特征，那就是在事业中会不断强化自己的创新能力，而且他们一般都深谋远虑、精明、灵活，还有卓越的组织才能等。

心理研究发现，大脑的灰色区域与盲人的指尖关系密切。盲人的指尖通常非常灵巧，能够辨别出非常精细的纹理、钱币、颜色（甚至是浅色）、阴影等。这说明意识影响的不仅仅是大脑，而是全身。

身体不过是头脑用来完成某些实践目的的工具。头脑通常会被认为是意识，而意识实际上只是头脑中最小的那部分。你脑中百分之九十的地方还都是无意识的，所以当你做事情的时候，只是运用了实际能力中的很小一部分。这就可以解释为什么大多数的人在生活中都无法成功，因为他们一生都是依靠“表层能量”。如果他们中有一些人肯将他们下意识的那股无可抗拒的能量运用起来，就会惊奇地发现，他们拥有了连做梦都不敢奢望的能量去获得成功。当然，意识和下意识在人脑中是紧密结合的整体。但是为了方便起见，让我们暂时把人脑分成三个部分：意识、下意识和无限的潜意识或称作宇宙意识。

身体就是一种扩容了的大脑，从突发事件或巨大灾难对身体各个部分所产生的瞬间震惊来看，进入大脑的每种思想意识都会很快波及全身，影响到身体整体的内分泌及功能状况。

收到一封带来噩耗的电报，不良情绪会迅速影响心脏、胃、大脑等身体器官。由此很容易解释，为什么有人会因为一个噩耗而一夜之间满头白发，有时候甚至不需要一夜，几个小时乃至几分钟就够了。因为，极度震惊的信息，从脑部传递到身体其他部位，几乎是在一瞬间完成的。

你是否学过数学、化学或者是其他自然科学，这并不重要。从你降生的那一刻起，下意识便每天为你解决所有这些问题。当你还在学习三个R（reading，读；writing，写；reviewing，复习）的时候，它就已经在帮你处理那些会令老师们也惊叹不已的问题了。它监督所有复杂的生物过程，如消化、吸收、排泄；

控制所有腺体的分泌，这些分泌物对地球上所有化学家和所有实验室的知识储备都是一种挑战。从婴儿时代起，它便强壮你的身体，修复受损让你健康，为你带来所有生活中最美好的东西。这世界上所有的失败原因只有一个，那就是对这一力量的忽略。如果你能够聪明地在事业和个人的事情上都运用这种力量，那么就不会有什么目标是可望而不可即的了。

乔治·C.皮特泽很好地对下意识所拥有的能量作了如下的一番总结：

“下意识是一种独特的实体。它控制人的整个身体，而且，只要不发生冲突，它便对身体的所有功能、状况和感受有着绝对的控制力。意识控制所有主动性的功能和情感，而下意识则掌控着所有无声的、非主动性的、植物性的功能。营养、废物、所有的分泌物和排泄物，心脏在血液流动中的作用、肺在呼吸中的作用，所有的细胞生命、细胞变化、细胞发展，都处在下意识控制之内。下意识是动物唯一在大脑还未发育完全前便拥有的意识形态；它以前，甚至到现在都无法有方向地思考问题，但是它演绎、推理的能力已近完善了。不但如此，它还可以‘直觉’感应到东西，它可以不用常规身体感官的帮助与他人交流，它能读懂别人的想法，它接受智慧并把智慧传给其他人，即使与那些人之间还有一定的距离。我们称它为‘灵魂思想’，它是有生命的思想。”

人体内的数以亿计的细胞，彼此协作，共性一致而紧密结合，一荣俱荣，一损俱损，牵一发而动全身。由于人的意识或情绪的不同，受到影响的细胞便会受到两种不同的刺激——或生或死。

实验已经证实，在受到损害的细胞中，包含着不幸和恶毒因素，都会损害到我们的健康。另有一些实验也证明，健康有益、鼓舞人心、积极向上的乐观情绪，能改善整个机体的细胞寿命。当消极意识不断杀死细胞时，那些积极意识又在不断促进细胞产生、成长，延长细胞的寿命。

聚合身体最边缘部分的细胞，也能迅速感应到每种意识和情感所传递的信息。所以，我们必须高度关注这些不同信号所蕴含的意义。如果长期处于生病、失望、恐惧、忧虑、嫉妒、仇恨、愤怒、严重自我中心等状态中，那么就会降低身体内不同细胞和部分之间的完整统一性，不但会恶化健康状态，而且会造成精神和体力的下降。

同理，强劲的良性意识状况不仅会影响身体内的细胞产生数量，还能提升它们的质量。人们的大量活动，应该是有意识地使每个细胞达到最优状态，换言之，实现机体精神和生理的和谐统一，达到健康有序、真实诚恳、热情高贵的状态。

思想的形成过程

许多人都认为每个人的思维那么丰富，这根本就不是我们能控制得了的。据美国心理学家格雷厄姆·达拉斯说，每个想法或是思想的形成都会经历四个时期。

第一个时期——准备阶段。你有一个期待解决的问题，接着你就去查寻相关方面的信息，因此，你也就会把这所有相关的信息熟记于心。

第二个时期——潜伏期。你有意将这个问题放置一边。潜意识同样使你继续做着你的日常事务，那些没有用上的信息也会不断地在大脑中活动。

第三个时期——渐明期。有些人在绞尽脑汁，费尽心思用了几个小时，几天甚至几个星期之后，突然想到了一个非常好的办法。在这期间潜意识考虑了所有相关信息之后得出结论，并且把这个结论反映给大脑。

第四个时期——检验证明期。大脑得到这个意见之后，就会从全局把所有因素都考虑进去，看这个答案是否正确，再检验它。

这时，由于害怕与担心，得到的结果可能是负面的。如果是这样的话，那么这个问题肯定会返回到潜意识状态，而且自信能找到解决的办法。接着问题就会处在潜意识的状态，并且不断地在寻找解决的办法。

也可能这个解决方案并不完善，它也只能解决燃眉之急。那么就从不同的角度重新考虑这个问题，力求完美。如果你有新的想法，先别急着说出来。因为，如果这个解决方案完善的话，那么它就会考虑到全局，且会自成体系。恰如蒸汽不从壶嘴喷出，那么蒸汽一定会把壶盖给吹飞了。

如果你一旦有新的想法就马上说了出来，那么就不会有很大的说服力。因此你必须先保持着这个想法，从各个方面考虑，并力求完美，当然它就会变得很有说服力了。

任何一个有生命存在的层面都存在“有其父必有其子”规律。当人们对这一规律认识模糊、模棱两可的时候，他们拒绝给予更多的思考，即便是与他们休戚相关的事情。这应该归因于，迄今为止人们还对为什么会遭遇一些事情懵然无知，谁知道早在事情发生前他们的经历、人格等已经为此悄悄埋下了伏笔。直到最近几年才出现了一个有效的假说——宇宙以和谐为目标，成功地把这条法则传达给了人类。宇宙以和谐为目标意味着万物完美的平衡。

天空填充了太阳系内所有行星之间的空间。这多少有些抽象难懂的物质乃所有物质之本。无线信号的传播便是通过这种物质。思想碰到天空引起某种感应，这种感应又与天空中相似的感应产生共鸣，同时回馈给思想者。所有能看见、听见、感知到的物体都属于思想的产品，不过思考却处于另外的层面。

某一个层面的思想属于动物层面。动物层面内由动物参与的某些行为与互动是人类全然不知的。然后是思想层面，人类能够参与的思想层面似乎是无限多的，而我们的思想停留在哪个层面上取决于我们的思想的属性与高度。我们可以有无知的、睿智的、贫穷的、富裕的、生病的、健康的、可怜的、病入膏肓的各种想法。思想的层面可以无限多，关键在于我们将自己定格在某一个具体思想层面时，我们会对这个思想层面的想法做出反应，然后我们可以在周围明显地看到这种反应带来的效果。

举个例子，一个人的思想处于如何致富的层面上，致富的想法令其发奋图强，最后的结果便是他取得了成功，不会有别的结果。他的思想要是停留在获取成功的层面上，物以类聚，他的这种想法引起其他类似的想法，诸多同以成功为目标的想法豁然贯通，成功便水到渠成。试图成功的人只接受关于成功的想法，其他的不利信息都会被他的意识过滤掉，所以他能够心无旁骛，一心倾注于如何达到成功。他接受信息的天线会伸向广袤的天空，网罗有助于完成计划和实现野心的有利信息。

原地坐下来，戴上耳机，你可能听到天上有人间没有的美妙音乐，或者是一场慷慨陈词的讲座，或者是最新的市场报告。除了从音乐中获取的享受和从讲座和市场报告中取得的信息之外，这还给你什么启示呢？

首先，一定存在某种相当细腻的物质能将音乐和信息的振动传达至世界各个角落。其次，这种物质一定是细腻到了一定的程度，足以穿透人们所知的任何物质。携带信息的振动必须穿透木头、砖瓦、石头，或者钢铁等，必须跨越高山，穿越河流和土地，在任何地方都畅通无阻。再者，时间和空间都对它无可奈何。在匹兹堡或任何地方实时播放的一首音乐，只需合适的收听仪器，你就可以身临其境般将其尽收耳中，清晰而别致。还有，这些振动无孔不入，没有固定的方向，只要有耳朵存在的地方，它们都可以被听见。

那么如果有一种足够细腻的物质可以运载人的声音并将其传播到四面八方，任何带有合适的仪器的人都可以接收到声音信息，难道这种物质就不能同样地携带、传播人的思想？当然能够。我们何以得知？通过实验。这是证实事情的唯一途径。

原地坐着，选择一个你比较熟悉的主题，开始联想。想法会很快地接二连三出现。一个想法启迪出另外一个。你很快会对出现的某些想法感到惊异，它们把你当作了展示的通道。你会前所未有地发现原来你对这个主题所知颇多，你从未想过原来自己可以将这些想法诉诸如此美妙的语言。当你的触角探进这些想法中时，这些想法自如快捷的出现会令你咋舌。它们是打哪儿冒出来的？是从包含着所有智慧、力量和理解的统一源泉中来的。你曾经到过所有知识之源，因为任何在人们脑中出现过的想法一直都存在着，并且整装待发，就等着人们连接上合适的仪器，给予它们表达的机会。因此只要愿意动脑筋，你可以拥有每一个贤哲、艺术家、金融家、各行业巨头的思想，因为思想是不会死亡的。

如果你做的这个实验未臻完善，再试一次！没有人第一次努力便可功德圆满，就像我们第一次学走路的时候东倒西歪的样子。当你进行第二次尝试的时候，记住，大脑是容纳客观思想的器官，大脑通过脑髓和自主神经系统与外界客观世界相连接，神经系统通过各种感官和某种仪器与外界世界相连。这些感官便是视觉、听觉、触觉、味觉和嗅觉。

想法是无形无声的东西，我们也无法品尝、嗅闻或感觉到它。显然这五种知觉对接收思想爱莫能助，可以将它们从候选名单中剔除。思想是一种精神活动，我们无法通过物质途径接收它们。既然如此，我们就放松精神和身体，发出SOS求救信号，等候结果吧。这个实验成功的关键完全在于我们是否有足够灵敏的接收能力。

许多人都不知道回忆与想法之间的区别。他们一旦遇到问题就会回忆过去，寻找那些与此问题相关的经验。如果在过去的经历中有相似问题的解决方法，他们就会采用。如果没有的话，那么他们就无助地等着别人来解决了。这样的做法并不是想办法，那只是回忆过去。

真正的想办法是联系所有相关信息，从中得出一贯符合逻辑的完全不同的解决方案。正如同拿电线的两极相碰以产生火花。想办法就是结合所有的相关信息以产生新的“火花”，当然这需要工夫，可能也是最费工夫的事，因此许多人都懒得费这脑筋去想这事。

普林斯顿大学校长约翰·哥温尔·海伯说：“许多人都犯这个错误，他们不知道脑子除了记忆还有什么用处。其实创造性也是脑子的一项非常重要的功能。人们也因为发现生命的秘密以及钻研新的秘密而感到高兴。”

创造性功能是什么呢？也就是从脑部调出所有相关的“档案”，结合在一起，然后再创造出新的结论，这可要比仅仅把相关信息总结起来要伟大得多。

也就是说，你从档案中找到2和5，以这种方法结合的话，你就可以得出未知数X，它可以是任意数，而不是仅仅的7或10。

妇女们每天都在做这样的事情，她们把这叫作知觉。她们就是首先得出一个未知数，然后接着再算出来，结果她们做到了。

每位伟大的科学家、发明家、作家，还有每位成功的商人每天都得这么做，而且你也能做得到。

罗伯特·路易斯·史蒂文森就曾把这成千上百万的脑细胞称之为“智力小精灵”。它们会仔细地比较信息，得出结论，产生思想的火花。

弗吉尼亚的瑞斯蒙德联合会写信告诉我说，目前我们所发现的这些“小精灵”给予了他们最大的帮助，“小精灵”帮他们摆脱忧虑，还给他们勇气以解决那些以前他们看起来难以克服的困难。

信中这样写道：“关上心门，首先看到的是我们自己的私人‘办公室’，里面配备有很大的‘书桌’。正前方是两扇心灵的窗户，而且在两边各有一个高效率的接收器，上有灵敏的隔膜，可以使我听见周围的人说话的声音，在心窗的下面是空气自动吸入装置，它会规律地隔一段时间就吸入新鲜空气。空气排出装置是我的说话表达装置，我可以说话也可以阐述我的那个小精灵的意见和想法，这个装置简直是无所不能的。”

不久，我们就出发去往宝地，我很高兴地告诉你，我们可谓是满载而归，比如说，我们有了钱，足以满足那些耐心等待的人，足以施舍给所有的人，足以大量拥有所有的东西。

我给我的小精灵提的第一问题就是一个大问题——用适当的方式获得经济独立。接着第二天早上得到的答案是为别人提供教育服务，我们以前有时也这样做过。每一个渴望成功的人，利用恰当的方式和自我推销都是必需的。

消费者因为投资回报率相当的高而感到满足。房子因为有很多的用处而实在，我因获得独立而感到满足和感恩。我们也只是着手去做，并不仅仅为了钱，我们只是为能有这服务的机会而感到高兴，钱只是附带产生的。

“谢谢你让我领略到了其中要诀。”

那么现在的你呢？最近你检查过你记忆里所有的事吗？对于那些坏毛病你是否都改掉了？对于那些坏毛病你是否都不再想了？

现在就让我们的那些小精灵忙活起来吧，它们喜欢这样，如果它们越忙，就会越高兴，因为这样的话它们就没有时间去发呆，无精打采或是捣蛋了。

那么，首先我们就检查你拥有的工作吧。我们可以以一个局外人的身份来看待它。这里有什么可以改进的吗？还有什么方法可以节省时间和钱吗？

还有什么捷径我们可以走吗？

如何改进策略、服务或是产品，只要是你能想到的每一种方法，你可以都把它们记下来。然后将其放置一边，并将其遗忘。一周后再返回来看看还有什么要改进的，你又发现了什么捷径。

这个时候先不要让老板知道。记着，刚开始的想法就像一条小溪，它会在别人的指责的时候慢慢壮大。暂时先将你冲动的思潮抑制着，直至万事俱备的时候爆发，那时，再顺势乘着爆发的力量达到你想改进和成功的目的。

思想造就人的大脑

医学博士威廉·汉纳·汤普森认为：思想并非由大脑产生，而是按照自己的意愿塑造着大脑；其实是思想造就大脑，而不是大脑造就思想。他将大脑称为“思想的物理器官”。

某些能力和才华的运用与大脑中的某些定点有很大关系，这对大部分人来说是个不新鲜的事实。智力和技能与大脑某些部位的发达程度相适应，这早就是一个人们普遍接受的现象，所谓“颅相学”就是以这种观点为基础形成的。这个观点并非不以事实为基础。但是进一步研究就会发现，“颅相学”并非事实，颅骨的形状或大脑某些部位的发育程度并不能决定人一生的性格、能力和命运。不过，所有精神作用都完全取决于大脑某些特定部位结构的完整性，这却是事实。例如，大脑中有个专用于说话的中心，这一部位受伤会让人无法说话，哪怕他能像以前那样阅读并理解口语单词，却无法将它们说出来。此外，与这个说话中心互相独立且完全不同的另一个大脑定点，则是用于阅读，这一位置受伤将使人忘记怎样阅读；尽管仍然保持着流利说话的能力，却读不懂书面文字。

大脑就像一个留声机唱片，你会在上面存储一些希望自己以后能拿出来随时使用的东西。在学会阅读之前很久，你就已经学会了说话，并且有一个大脑部位用于存储口语单词的发音；之后，开始读书时，你会在另一个大脑部位上“刻”下书面文字的样子。思维会接受这些事物，并将其写在大脑上，大脑定点受伤会破坏此处写下的记录，使某些依靠这一记录而存在的能力或技能丧失。受伤的原因可能是由于暴食引起的某条微动脉破裂（这也是导致瘫痪的最常见原因）。汤普森先生举了许多例子，其中有个例子说，有位女士丧失了阅读能力，却保持着完好的说话和倾听能力。还有个例子说，有位先生一天早上不仅失去了口头表达能力，而且丧失了阅读能力。然而，他却完全能听见别人说话。说来也怪，此人的经历却证明，大脑中用于存贮数字的地方和用于存储文字的定点并不相同，因为他还能阅读和书写数字，并且在复杂的商业交往中进行各种求和运算。此后七年，他成功地完成了这些交易赋予的任务，但每次都没能说出一个字，甚至连亲笔签名都读不出来。音符记录的位置似乎与这些位置都不相同，因为有好几例记录音乐家案例的档案都发现，有些音乐家完全丧失了阅读乐谱的能力，却保留着阅读所有其他东西的能力；另一些音乐家成了所谓的“字盲”，即读不出文字，却仍然能读乐谱。一个人成为音乐大师的时候，只不过将某些知识“刻”在大脑的某个定点上。请读者留意这句话，因为我还要再次提到它。

我们学习的每种不同语言都有特定的大脑定点。汤普森先生举了一个英国人为例。此人会说法语、拉丁语和希腊语。后来，他对英语一窍不通，对法语的理解也有不少问题，对拉丁语稍好一些，对希腊语的理解则像以前一样好。“这表明，他的英语记录完全遭到破坏，法语记录受到了损失，拉丁语记录受到的损失相对更小，而希腊语记录却彻底得以保全。”所有这些现象是否能证明：大脑仅仅是一种记录或传递工具，间接体现了人的性格呢？

汤普森要做的就是多积累令人信服的证据，证明大脑并非思想之源，而只是思考者的一个工具，就像钢琴是演奏者手中的乐器一样。当汤普森确信完成了这项任务时，就想看看能从这一基本事实得出哪些可用的结论。我们只用了一半头脑用于思考，而另一半与思考或学识并无关系，这如今已经是众所周知的事实。对绝大多数人（也就是所有用右手做事的人）来说，思想完全是左脑完成的；所有知识都铭记在这一大脑半球。右脑受一次伤，就会造成左侧某些肌肉瘫痪，但不会导致失忆、“字盲”或者前面提到的任一种智力障碍现象出现。我们用左脑思考、记忆知识并控制右边身体的运动；右脑则用于控制左边身体的移动，但与思考和学识无关。左撇子的情况恰恰相反。

由此，可以得出一个推论：我们天生就有两个空白的记录区。没有哪个新生儿生下来就知道怎样说话、写字或思考。除非在头脑中形成一个用于说话的部位，否则他无法说话；除非在头脑中形成一个用于写字的部位，否则他无法写字；他会马上开始塑造一个可用于表达自我、阐述意愿的大脑来。由于大脑的两半边同样都能用于实现这一目的，因此他自然会运用最早用于实现某个特定动作（如打手势）的那半边大脑，来表达相应的愿望。语言的原形是手势，因此，语言技能中心应当在最早用于智力活动、但只能用动作表达欲望的那半脑中得到发育，这是很自然的事。

这便是思想中心位于“右撇子”的左半脑，而位于左撇子的右半脑的原因。

在某一特定年龄之前，大脑有很强的可塑性，使得用于思考的大脑部位一旦受伤，人们仍然能在另半个大脑中重新创造知识中心。在很多情况下会出现一种现象：有些年轻人由于脑伤而失去某些能力和技能，后来却在另外一部分大脑中，通过形成新的中心而恢复了这些技能。但这种现象很少出现在45岁以上的人身上，这是由于超过这一年龄的多数人都由于暴饮暴食而用含钙物质堵塞了大脑，在头脑中塞满了食物废料，从而破坏了大脑的可塑性。如果所有45岁以上的人每天都只吃12盎司或更少食物，就很快会发现，这些人在75岁高龄时仍然能像15岁青少年那样轻松地领悟新思想。不过，如果大脑由于塞满大量废物而变硬，就无法实现这一目标了。一旦暴饮暴食，就会由于“吃得太多而反应迟钝”；到了50岁，就只能慨叹“不复当年之勇”。因此，要让“留声机唱片”始终保持柔性，使它容易接受新鲜信息。

所有这些让我们对有关儿童的问题有了新的感悟。婴儿躺在摇篮里，他的大脑两个半球上还没有留下任何印记。他会是一个音乐家、演讲家、诗人、慈善家、技工还是杀手？这完全取决于这个小家伙身上隐藏的神秘个性会在大脑中写下什么。大脑会朝哪个方向发展？此时它存在某些特定倾向，这些倾向从上一辈甚至祖先那里遗传而来，会强烈限制他朝特定方向发展，但是我们也欣喜地得知，没有哪种遗传倾向是无法通过在大脑上写下相反信息来克服的。这并不是“培训”孩子的问题，也不是“开发大脑”的问题。真正的问题在于，我们能否让他身体力行，去构建类型正确的大脑。如果他在大脑中建立一个音乐中心，那他就会成为音乐家；如果他建立一个语言中心，那他就是演讲家；他在大脑中写下什么记录，就能够表达和体现什么技能，而记录中没有的内容，也就在生活中得不到体现和彰显。尽管孩子发现在头脑中留下一些事物的印记要比留下另一些事物的印记更容易，这一点毋庸置疑，但也要看到，任何生下来头脑正常的孩子，都能学会艺术、音乐、演说或机械方面的所有知识。只要有信念，一切皆有可能。空如白纸的大脑在那里等待他们留下印记，而孩子也会将想要写下的东西写在上面。对他来说，这完全是个与自身意愿有关的问题，就像对你我一样。

改变不良的思维习惯

就孩子而言，问题不在于我们能否拯救他，而是我们能否引导他自己救自己。因为在大脑塑造和定型问题上，谁也无法代他受过，谁也无法救他于水火。正如谁也无法替别人学会游泳一样，同样也没有哪个人能替别人学习。镌刻在大脑平板上的每个印记都必须通过我们自身努力后刻在那里；有时候，付出这种努力要求你必须有耐性、毅力和坚韧的勇气。

不妨想想小孩牙牙学语时付出的艰苦和长期努力。只有通过反复磨炼（往往需要一年多），一些单词才能最终合理地记录在大脑“唱片”上。有时候，为写出某些单词，几乎需要重复无数次，另一些词则比较容易记住。如果没有开口说话的欲望，孩子也许永远学不会说话。他想要某件东西，于是便想方设法提出自己的要求；他想了解某些事物，于是便想方设法提问。在这些再三进行的尝试中，一个又一个生词便写在他头脑中适当位置上了。成年人学习一门新语言的过程与此一模一样：通过坚持不懈的努力，一个又一个生词便写在大脑的适当位置上，直到以后一直留在那里。

有些人说自己根本学不会语言。他们这样说其实恰恰表示，学语言这件任务对他们没有半点吸引力，以至于他们不愿意下定决心（决心是学习必不可少的前提），集中精力做该做的事，从而熟练掌握一门语言。因此，对那些说自己“学不会音乐”的人来说，“学不会音乐”表示学习欲望尚未强烈到促使他们集中精力、持之以恒，直到将音乐基础知识写在大脑适当部位的程度。任何头脑正常的人都能学会打算学习的知识，或者完成其他人可以完成的事、做其他人可以成为的人。这不过是愿不愿意的问题而已。遗传对我们的最大影响，便是教会了我们要有欲望。如果不想成为某个样子，你就不会为成为这个样子而不懈奋斗，从而就不会成为这个样子。但是，正如你能将愿望写在石板上一样，你也必定能将愿望写在脑海里，而且在那里写下什么内容，你就会成为什么样子。

然而，没有哪种劳动比头脑塑造更需要我们全力以赴、严格自律。鉴于此，在很多情况下（比如某人开始学外语），多数人在仅仅获得一点点使自己可以勉强应用日常用语的技能（其实此时语言水平还很低）之后便放弃奋斗，一辈子都没能让别人真正听懂自己说的话。由于没有付出使其完整、连贯所必需的劳动和努力，因此，大脑中记录的太多内容都断断续续、残缺不全。

请记住，大脑是真实个体用以自我表达的工具，人只能展示已经在大脑里写好的东西。因此，外在世界中的人不过是与刻在头脑中的东西相一致的人，因为他的所有行为都必须通过这些大脑记录来指示或指挥。你不能拿一把铁锤去锯木头，也不能在钢琴演奏知识没有写在头脑中用于学习音乐的位置时，就能用手指弹钢琴。要想展示出崇高优雅的气质，就必须在脑子里写下对高贵、高尚欲望的记录；精神和气质会根据你提供给自己的工具外在体现出来。你可以关掉留声机，可以快进或快退，但无法让留声机唱出唱片上不存在的任何歌曲。如果有人将意见强加于你的唱片上，哪怕你知道他的意见不正确，也无法让唱片说出真相。你唯一可以实现目的的做法，就是将真相刻到另一张唱片中去。

你已经将自己和别人对你的看法写在脑子里，如果不改变写下的记录，你就无法成为别的样子。其实，你不必破坏旧记录，或者把它清除。假如一个人学习英语和德语，他把这些语言都写在头脑中相应的位置。要想学习德语，并不一定非得擦掉英语记录。即使他天生就是英国人，婴儿时就开始学英语，倘若他长期坚持用德语说话而不是用母语与人交流，那么总有一天，他用起德语要比用英语更流利；总有一天，他更喜欢用德语说话，用德语思考，因为这样做对他来说更方便、更容易。所以，如果你有个习惯或特点已经写在脑子里，但再也不想使用这一内容，那么就必须重新建立一个更好的记录以供使用，以替代前一个旧记录。除此之外别无他法。

这一点非常重要，因为倘若果真如此，那么对我们来说，万事皆有可能。我们想培养什么能力或技能，就能培养出什么能力或技能；我们选择什么样的目标，就能实现什么样的目标；我们想养成什么习惯，就能够养成什么习惯。养成习惯是什么意思？理解了这个问题，我就能提出如下观点：世上本无戒除习惯这种事情，我们要做的就是养成一个相反的习惯。如我所言，如果你在头脑或身体上有某个坏习惯，不必破坏大脑中存贮坏习惯想法的相应位置，而只用在另一个地方写下与此相反的想法，并从此通过新想法展示自我。假如你写下这样的看法：我瘦小、孱弱、驼背、平胸，活在别人的阴影下，很快就要离开人世。那好，如果你不想自己真是这个样子，就必须在大脑的另一个地方写下“我高大、挺拔，身材笔直，勇敢无畏，想活多久就有多么长寿”之类的话。写下这些话的时候，要通过大脑中相应的位置，而不是通过表达前一个内容的位置来体现自我。天长日久，你会觉得使用大脑中的新位置游刃有余，而旧位置则由于久置不用而退化，甚至想用也用不了。

这种做法使我们能以极其科学的精确性来阐述存在哲学和成功哲学，并能非常严密地表述其过程。通过向那些已步入中年的人证明“年轻时能做到的事，现在同样能够做到”“无论是谁都可以活到老、学到老”，我希望能向读者朋友提供一些具体教导，并以此结束本文。我曾在以前的某篇文章中说：老年人学习新知识很难、容易健忘，以及出现其他现象的原因，在于他们所吃的食物超过维持身体机能所需的量，使废料阻塞了大脑。还记得吗？俄国动物学家、细菌学家梅奇尼科夫曾告诉全世界：导致年老的真正原因，是由于肠子里出现了一种剧毒物质，导致白细胞拒绝履行自身机能。他还向世界大肆宣扬一个尚存争议的观点：酸奶可以中和这种毒素，坚持大口饮水能使我们长生不老。

用大口喝水的方法延年益寿似乎已经过时，如果梅奇尼科夫不因为受教规束缚而过于保守，那么他应该知道，造成肠内出现剧毒物质的直接原因，是吃的食物超过消化系统所能吸收的极限所致。他也许只用淡淡地说一句："少吃点，你就能永葆青春。"

睿智的意大利人科那罗进行过这方面的科学实验。45岁那年，由于遭受海难，他的身体每况愈下。于是，他将每天吃进的固体食物降到12盎司。后来他活到了100岁，甚至临终前还头脑清醒、精力旺盛。他注意到，只要经不住医生的软磨硬泡，增加每天摄入的食物限额，那么就"开始脾气暴躁"，智力水平随之下降。美餐一顿之后，你会开始丧失精神力量，这与"老狗学不会新把戏"是一个道理。老狗整天无所事事，只知道吃了睡、睡了吃，直到脑细胞被食物废料堵塞。但如果你让它很长时间不怎么吃东西，就会惊奇地发现，它学起新本领来就像小狗那样快。你不妨亲自试一试，一直坚持禁食，直到头脑清醒、思维敏捷，然后再有选择地、小心地吃点东西；当你发现自己"变得脾气暴躁"或反应迟钝时，再将摄入食物的量减少一些。年老永远都不是不学习的理由，唯一的原因就是你吃得太好太饱，这才是学不会的罪魁祸首。

我们的思想能影响自我吗

作为思想的主人，人们拥有力量、才智与爱，掌握一把能够应对任何处境的钥匙。人拥有的这把钥匙，就等于自身有一种能蜕变和再生的装置，并借此帮助人们实现愿望。

即使处于一种十分悲惨的境遇，人们仍然能够主宰自己——即使在这种情况下，他是一个不能正确支配自己的愚蠢主宰。如果他能开始反思自己所处的境况，并努力地寻找种种人生处世道理的话，他就能脱胎换骨，成为一个能够巧妙引导能力与思想直至获得成功的智者。

有一位心理学家，他为了研究人的心境是如何受外在事物影响的，于是就开始进行一项调查，出乎意料的是，他在做调查的时候，看到这样一种现象：当一个人在做事情的时候，如果他怀着很好的心情去做，也就是说，他愿意做的时候，他就会把事情很快地做好，而且做的效果也越好。但是当他把困难看成是障碍，不愿意做的时候，感觉是应付的时候，出现的问题却越来越多，最后事情做完的效果也不好。

这个调查说明一个问题：人的心理是很微妙的，快乐能化解困难。因此，当人们面对一些事情的时候，要保持一种积极乐观的态度，要把困难当作是一种游戏，一种乐趣所在，这样，即使你在做的是一件非常烦琐甚至困难的工作，你也会觉得就像做游戏一样的轻松自如，而且还能把事情做得很好。

我有一个高中同学就是这样。当时上高中，他的成绩一直都是挺差的，而且他对自己也很放纵，觉得自己没有什么把学习成绩提高上去的希望了，于是就破罐子破摔。平时上课的时候，他也不认真听课，他想的就是反正也不会做题，也不懂老师讲的东西，要提高成绩只能从头来，那实在是太困难了，他这种人是根本不可以做到的，到时候随便报考一个能上线的院校就可以了。

后来，学校老师根据他的变化对他进行了一些了解，当知道他抱着这种态度学习的时候，老师对他进行了心理教育。后来，他想了很久，最终，做出了一个令所有人都感到吃惊的举动——他居然把目标改到要报考全国重点院校。对于他来说，这个栏真的是跨得很高了。

当时，大家并不看好他，其实他自己也不相信可以考上，但是他就想到一点一点来吧，平时胡乱地玩了也是花费时间，何不学一下，说不定自己还可以找到一些新的快乐呢！做数学就像在玩数字游戏，学化学就像是在了解世界物质等，这样他越来越感兴趣，总是自觉自愿地去翻查资料，知识面越来越广。而且他觉得学习根本就是一件快乐的事情，和踢球一样，即使流汗也快乐。他都没能感觉到自己的目标是个很困难的事情。高考那一年，他真地考上了自己新目标中的重点大学。我们所有人都为他感到高兴。

所以，人的思想对自我是能够产生影响的。积极的思想就会让我们有积极的行为，通过不断的努力，最终取得成功；而消极的思想就会让我们做出消极的举动，我们自暴自弃，最终导致失败。

人的思想是由自己控制的。一个人只要有了自我控制能力，他完全是可以走向成功的，这就为我们给那些缺乏自我控制的人提了个醒，他们必须明白，自己是生活在社会中，为了更好地适应社会，取得成功，就必须控制自己的情绪情感，理智、客观地处理问题。控制并不等于压抑，积极的情感可以激励你进取，加强你与他人之间的交流合作。如果你把自己的许多能量消耗在自己的消极情感上，不仅容易患病，而且也不会有足够的能量对外界做出强有力的反应，因而，一个高情商的人，应是一个能成熟地调控自己情绪情感的人。

应该说，能够进行自我调节这是一个比较高的境界，因为很少有人能在遇到事情的时候，冷静地进行处理，更不用说可以进行自我调节了。但是，毕竟有人可以做到这样。如果你能做到这一点，你也就会明白，一个人只要有了好的心境，一切困难，都无所谓困难，即使眼前是万丈深渊，他也能够让自己拥有春天般的心情。因为在他看来，苦难不是绝对的，它对弱者是万丈深渊，对强者是向上的阶梯。就像疾病一样，它使弱者的脏器受损，最后夺去弱者的生命，疾病同样能使强者的脏器更加强大，使人的抵抗力更加顽强。

我们想要一个什么样的心境，就看我们怎么去看待它，在走路的时候也是一样的，绊脚石总是存在于我们的脚下，一不小心就会使我们摔倒。这时候，如果你能够站起来，并轻轻地搬走那个绊脚石，你的阻碍就没有，可是你就会发现石头越来越多，总是在你的脚下让你躲闪不及，心情也越来越糟糕；但是，如果你像个小孩子一样玩着踢石头的游戏轻轻地，不断地踢走它，等你到达路的尽头你就发觉，你一路走来心情都是那么愉快，事情做好了，身心也更加舒畅了。

人有什么样的思想，最主要的就是看我们能否战胜自己，只要自己打败自己，就可以让积极占领上风，从而酝酿出乐观的种子，让其生根发芽，最后开出花朵，收获累累硕果。

很多人都会觉得，世界上最大的敌人就是自己，让自己战胜自己，谈何容易？其实，要战胜自己并不困难，首先是要战胜自己内心世界所存在的那份怯懦。因为失去自尊心的人是没有办法把握自我的。有许多人就是因为丧失了自尊心，所以不敢前进。像这种人他们总是有意无意地认为自己活在世界上，只配看那些运气好的人取得成功，他们认为自己只有这种资格。如果从事任何工作，他们每遭遇一次失败，更会以为自己一辈子也没有办法得到成功的幸福。

要使自己不成为“经常的失败者”，就要善于挖掘、利用自身的“资源”。虽然有时个体不能改变“环境”的安排，但谁也无法剥夺其作为“自我主人”的权利。当今社会，已大大地增加了这方面的发展机遇，只要你敢于尝试，勇于拼搏，是一定会“东方不亮西方亮”的。许多鸿篇巨制之所以由逆境而生，许多伟人之所以由磨砺而出，就是因为他们无论什么时候都不气馁、不自卑！有了这一点，就会挣脱困境的束缚，获得使用生命的主动权。

总之，一个人心理状态能体现出身体状态的好坏，心理状态好，身体也更好，力量也就越足。因此要学会打开那把久锁心境的锁，从而使自己的心灵能够放飞出去，去感受大自然的无限魅力，如果你就能够做到这一点，你就会有一个好的身体，就能够拥有足够的力量，就能够战胜内心世界的那份怯懦，去挑战一切困难，直到取得成功。

思维方式决定成败

我们在生活中处理某些事情的想法，完全取决于我们的思维方式。也就是说，当我们在做某件事情之时，脑海里总有一些浮动的想法，比如我们会想到做这件事情对自己有是否有意义，做成之后是不是会得到感谢，别人怎么看我，以及不做也可以省很多事情的想法，等等。

同样的人，却过着不一样的生活，差别是什么，就是因为我们的思维方式不同。正因如此，我们要认识到，由于每个人的思维方式是不同的，而且有好有坏，所以我们就要形成良好的思维方式，认识到对自身思维方式不利的因素，并将其彻底除掉。

我们都知道，大凡成功的人，都是善于思考的人。而善于思考是由敢想和会想两个方面构成的，我们要想成就一些惊人之举，也要敢想，但是也要会想。因为敢想才能敢干，会想才能巧成。

当别人失败时，你如果可以从他人的失败中吸取教训，得出正确的想法，然后付诸行动，你就有可能成功。当你自己失败了，你也只要转换一个角度，换一个思维方式，产生一个正确的想法，紧跟下一个行动，你同样可以获得成功。

1939年，美国芝加哥北密契根大道的办公楼群可以说是惨不忍睹。每一座豪华的大厦里面都是空空如也，没有一丝忙碌的气氛。一座楼出租了一半就算是幸运的。这是商业不景气的一年，消极的心态像乌云一般笼罩在芝加哥不动产的上空。那时，人们常常能听到这样一些论调："登广告毫无意义，根本就没有钱。"或"我们没有必要工作了。"然而就在这时，一位抱着积极心态的经理进入了这个景象黯淡的地区。萧条的景象反而给了他一个奇特的想法，而他也毫不犹豫地依照这个想法行动了起来。

这个人受雇于西北互助人寿保险公司来管理该公司在北密契根大道上的一座大楼，公司是以取消抵押品所有权而获得这座大楼的。他开始做这份工作时，这座大楼只租出了10%。但不到一年，他就使它全部租出去了，而且还有长长的待租人名单送到他的面前。为什么短短时间内情况会发生这么巨大的变化呢？记者采访他时，他介绍了他对整件事情的思考：我准确地知道我需要什么。我要使这些房间能100%地租出去，在当时的情况下，要做到这一点是很难的。因此我要把工作做到万无一失，必须做到下列几点：

· 要选择称心的房客。

· 要激发吸引力：给房客提供芝加哥市最漂亮的办公室。

·租金一定要比他们现在所付的房租低5%。

·如果房客按为期一年的租约付给我们同样的月租，我就对他现在的租约负责。

·除此之外，我要免费为房客装饰房间。我要雇用富有创造力的建筑师和内装工，根据新房客个人好恶来改造装饰每一间办公室，使他们真正满意。

通过推理，我们可以得到下面几点认识：

第一，如果一个办公室在以后几年中还不能出租，我们就不能从那个办公室得到收入。我们到年底可能得不到什么收益，但这种情况总不会比我们没有采取任何行动时的情况更糟。而我们现在的境况应该更好，因为我们满足房客的需要，他们在未来的年份中会准时如数地交付房租。

第二，出租办公室仅以一年为基数，这是已经形成了的习惯。在大多情况下，房间仅仅只空几个月，就可接纳新的房客。这样，我们就有可能在尽可能短的同期内得到新的租金。

第三，在一所设备良好的大楼里，如果一个房客一定要在他租约期满的那一年的末了退租，也比较易于再租。免费装饰办公室也不会得不偿失，因为这会增加全楼的股票价值。结果证明，装修后的效果十分不错。每一个新近装饰过的办公室似乎都比以前更为富丽堂皇。房客都很热心，许多房客花费了额外的金钱。有一个房客在改建施工任务中就花费了22000美元。

我们不妨对上述整个过程再回顾一次，从而可以获得一些更为清晰的了解及更深刻的认识。

有一个人面临着一个严重的问题。他手上有一座巨大的办公大楼，可是这座大楼十分之九的办公室都是空闲未被租用的。然而，在一年内这座大楼便100%地出租了。现在，就在隔壁，仍有几十座大楼是空荡荡的。而造成这天壤之别的决定性因素就是经理人不同的思考角度及不一样的心态。

一种人说："我有一个问题，那是很可怕的。"

另一种人说："我有一个问题，那是很好的！"

如果一个人能够抓住那个尚未显露时的好机会，洞察它并寻求解决，那么，他就是懂得正确思考之要义的人。如果一个人能形成一种有效的想法，并紧接着付诸实践，他就能把失败转变为成功。

总之，成功是"想"出来的。不但要敢"想"，还要会"想"，要知道，善于思考，思考成功、思考未来的人，才会是成功的候选人。对于一个善于思考的人来说，他可以办成自己本来办不成的事，也可以办成别人难以办成的事。

积极的思考

积极的思考，会让人产生积极的正能量。

多年以前，在圣路易斯，有一个非常杰出的脑科大夫，他是华盛顿大学脑科手术室的主任，他所做手术的成功率几乎可以称之为奇迹，有许多人千里迢迢地来找他求医。当然，也有人对其不屑一顾，尤其是那些年轻的医科学生，他们可能会这样说：“他只不过是个幸运儿，他只不过幸运地有这种才能。”

但是，他到底是一个幸运儿，还是真的很有实力，我们不要太早下结论，让我们看看这位欧内斯特·塞克斯大夫的过去。

许多年以前，当他还是一个实习医生在纽约的一家医院实习的时候，一位医师因为无法拯救病人而感到痛心，因为大多数的脑瘤都是无法治愈的，但他相信，有一天，一定会有一些医生，有勇气去挑战病魔，去拯救那些受苦的生命。

年轻的欧内斯特·塞克斯就是这样一个有勇气面对挑战的人，他有勇气去尝试几乎不可能完成的任务。当时，在美国从来没有过成功治愈脑瘤的先例，唯一能给这个年轻人一些指导的人是一位在英国的大夫——维克多·霍斯利爵士，他对脑的解剖结构的了解超过任何人，是英国脑科医学界的一位先锋人物。

塞克斯获准跟从这位英国医学家工作学习，但在前往英国学习之前，他还做了另一件很有意义的事。因为想要为在这位著名医学家手下工作打好基础，塞克斯花了6个月的时间到德国求教于那里最有能力的医师，这是许多年轻人不愿花时间去做的事情。维克多·霍斯利爵士对这个美国年轻人的认真和勤奋感到非常惊讶，为他仅仅为做准备工作就花了6个月时间而感动，所以直接就把他带回自己家里。

在此后的两年时间里，他们一起对猴子进行了多项实验，这为塞克斯未来的事业奠定了坚实的基础。塞克斯回到美国以后，主动提出治疗脑瘤的要求，但是他却遭到了嘲笑，面临着各种障碍，他没有必需的设备，仅能靠不屈不挠的精神去努力实现自己的理想。正是靠着这股坚忍不拔的毅力，才使大多数的脑瘤患者在今天可以得到治疗。

塞克斯大夫通过训练年轻的医师来传授他的技能，他还在全国建立了许多脑瘤中心，让每一位有需要的患者都能够就近得到治疗。他的书《脑瘤的诊断和治疗》已经成为医治脑瘤病症的权威著作。

在很多人看来，也许有些事我们永远都无法办到，但是有人却能把这些变为事实，活生生的事实。你可以不相信，因为这也许就是奇迹。别人可以，为什么我们就不能呢？

也许面对残酷的现实，面对竞争激烈的可怕社会，我们没有足够的勇气和胆量，站出来勇敢地说，创造自己的生活，我们只能平凡地接受这个世界给我们的一切，但是我们还不甘心。

我想知道，为什么我们在现实中就不能创造，就没有这样的机会？真的没有吗？没有机会吗？这简直就是胡说！创造的机会在你每一天的生活中处处皆是，许多伟大的发明就是通过对平常的东西进行不平常的思考而得来的。但是我们要知道，正确思考也是需要遵循一定原则的，具体如下：

1. 问问自己，你想要做什么

翻开你思考成功的笔记，将你喜欢或你做得很好的事情列成一个清单。或把什么事情都记下来——蠢事、新鲜事和你感兴趣的事。检视一下你的清单，并想想你要如何成功。让思想飞舞，写下你所有的想法，甚至看起来好像疯狂或不切合实际的想法。酝酿了好多天的想法常常由于没有记下来而无法实现。

2. 帮助别人取得成功

跨进别人创造的天地，运用小恩惠来协助他人。找出他们特殊、非比寻常的能力，并助其开花结果。你可以替他们规划产品和开发市场。这是提高自我创造能力的一个重要方法。

3. 研究新事物

对新奇事物保持开阔的胸襟，然后进一步探究。这项新产品或意见会引发什么新想法？它的用途及前景如何？而我们可能要创造什么样的前景？

4. 抓住机会

你要知道，最佳时机常常稍纵即逝，所以，你应提高警觉！例如，传真机的前景很好，有什么新点子是你所能想到的，能够让传真机与市场有所结合？国外有家快餐店就想了一个好主意：他们让上班族将午餐订单传真到店里点餐。餐厅则利用传真机，将午餐菜单与特别餐菜单传真到当地企业的办公室里。

5. 不要禁锢自己的思考

当初，人们嘲笑莱特兄弟俩，嘲笑他们认为人类终有一天可以在月球上漫步的想法，但如今却成事实。你心中有什么想法？这些或许是不可能的、愚蠢的或好笑的，但把它们记下来，过段时间再拿出来看，说不定你会找到个“金矿”。

6. 找出别人的需求

有个化学家发现今天面临的最严重的问题是，充斥了化学废料的环境。因此，她有了一个想法。经过进一步的研究后，她发现某些废弃物可用来再生，使其成为别的化学物品。于是她收集某公司的废弃物，来供另一家公司再使用，以此获得巨大的财富。

除了化学物品之外，有许多东西在这家公司是废弃物，而对另一家却是可再使用的宝藏。填充物就是一个很好的例子——找一家要处理填充物的公司，再找一家要买这些填充物来包装他们产品的公司。说不定先前那家公司还要花钱来请你将这些废物弄走呢！

将这些可以满足他人需求的事情写下来！就你所熟悉的事

物为主题来写部书，或是从你“喜欢做的事”的清单上挑选个主题。其他人或许可以从你的知识里获得好处，去满足一个需求——将你专业领域里的那道信息鸿沟填满。

7. 注意服务

许多旧式的服务已经消逝了，这个领域空了下来，而它正等待一个聪明的经营者来占领。不要只是想着提供新式的服务项目，而要将旧的、有必要的再找回来。你想要有什么样的服务项目？着手去做吧！

8. 多付出一点儿

永远要让付出大于获得，这是成功之人的秘诀。假如你是那种收一分钱，便只做一分事的人，那你一辈子都是薪水的奴隶。

9. 助人者自助

在市场销售方面，依着这个原则，成就了很多国际知名的大型企业，同时有很多人借助其企业而赚钱。

10. 立即行动

你还在等什么？马上行动吧！不要用一些“我没有足够的钱”“我了解得不够”“还没做好准备”等借口来拖延。要知道，任何形式的拖延，都意味着失败。要想成功，就要做到：只要有了想法，就要立即将其变成行动。这样，才能看到成功的曙光。

敢于克服思维定式

一个人如果敢于突破传统思维，独辟蹊径，你就能得到意想不到的收获。我们的大脑是否灵活，不在于一下子就能想到新奇而正确的答案，而在于能迅速而灵活地变换思路，不断产生新的想法；在于能跳出一贯的思路，用一种新的思维方式去思考。这样就能产生出新的、创造性的思维方式了。

其实，很多时候，再大的困难，也没有什么值得可怕的，因为，只要你肯换一种思维方式，你就会发现，摆在你眼前的困难根本不值一提。

A公司和B公司都是生产皮鞋的，为了寻找更多的市场，两个公司都往世界各地派了很多销售人员。这些销售人员不辞辛苦，千方百计地搜集人们对鞋的各种需求信息，并不断地把这些信息反馈回公司。

有一天，A公司听说在赤道附近有一个岛，岛上住着许多居民。A公司想在那里开拓市场，于是派销售人员到岛上了解情况。很快，B公司也听说了这件事情，他们唯恐A公司独占市场，赶紧也把销售人员派到岛上。

两位销售人员几乎同时登上海岛，他们发现海岛相当封闭，岛上的人与大陆没有来往，他们祖祖辈辈靠打鱼为生。他们还发现岛上的人衣着简朴，几乎全是赤脚，只有那些在礁石上采拾海蛎子的人为了避免焦石硌脚，才在脚上绑上海草。

两位销售人员一到海岛，立即引起了当地人的注意。他们注视着陌生的客人，议论纷纷。最让岛上人感到惊奇的就是客人脚上穿的鞋子。岛上人不知道鞋为何物，便把它叫作脚套。他们从心里感到纳闷：把一个“脚套”套在脚上，不难受吗？

A看到这种状况，心里凉了半截，他想，这里的人没有穿鞋的习惯，怎么可能建立鞋的市场？向不穿鞋的人销售鞋，不等于向盲人销售画册、向聋子销售收音机吗？他二话没说，立即乘船离开了海岛，返回了公司。他在写给公司的报告上说：“那里没有人穿鞋，根本不可能建立起鞋的市场。”

与A的态度相反，B看到这种状况时却心花怒放，他觉得这里是极好的市场，因为没有人穿鞋，所以鞋的销售潜力一定很大。他留在岛上，与岛上人交上了朋友。

B在岛上住了很多天，他挨家挨户做宣传，告诉岛上人穿鞋的好处，并亲自示范，努力改变岛上人赤脚的习惯。同时，他还把带去的样品送给了部分居民。这些居民穿上鞋后感到松软舒适，走在路上他们再也不用担心扎脚了。这些首次穿上了鞋的人也向同伴们宣传穿鞋的好处。

这位有心的销售人员还了解到，岛上居民由于长年不穿鞋的缘故，与普通人的脚型有一些区别，他还了解了他们生产和生活的特点，然后向公司写了一份详细的报告。公司根据这些报告，制作了一大批适合岛上人穿的皮鞋，这些皮鞋很快便销售一空。不久，公司又制作了第二批、第三批……B公司终于在岛上建立了皮鞋市场，狠狠赚了一笔。

同样面对赤脚的岛民，A公司的销售员认为没有市场，B公司的销售员却认为大有市场，两种不同的观点表明：两人在思维方式上有极大的差异。

简单地看问题，的确会得出第一种结论，但是，通过认真思考，像后一位销售人员那样，能够及时换一种思维角度，从而从“不穿鞋”的现实中看到潜在市场，并通过努力获得了成功。

因此，同样的风景，用不同的角度去欣赏，就会看到不一样的美丽。同样，生活和工作也是如此，用不同的思维去思考相同的事物，我们就看到不一样的东西，也许就可以将不利转化为有利，进而取得成功。

詹姆斯·艾伦说：“一个人的思想往往决定他所能取得的成就和所能达到的高度。”

是的，在一个公正规范的世界里，如果没有平衡那就意味着毁灭。人们应该加强对这个世界的责任心。怯懦或勇敢，纯洁或不纯洁都是人们自己选择的而非别人强加到头上的，所以也只有人们自己才可能改变自己。人们所处的环境也是由自身选择而不是别人决定的，所以也只有自己才能把握住自己的幸福。

真正可以改变自己的，只有自己。一个人即使非常强壮，也不能改变一个虚弱的人，除非虚弱的人自己决定要改变。弱者只有通过自己的不懈努力，才有可能使自己由虚弱变得强壮，使自己拥有曾经非常令人羡慕且只有强壮才有的力量。只有自己，才能改变自己所处的环境；只有自己，才能改变自己的人生。

一个人想取得成就，哪怕是世俗的物质成就，他都必须使自己的思想脱离低级趣味。成功虽然并不需要他以放弃人的本性作代价，但却要求他必须牺牲其中的一部分。假如一个人满脑子全是低级趣味的思想，那么他将肯定不能清晰地思考，也不能理智地工作。他不可能发现和发挥自身的潜在力量，所以他会处处失败，最严重的是，他还不能像正直的人那样能控制自己的思想，无法承担责任或控制局面，没有能力独立应付发生的事情。实际上，他是被自己所选择的思想拖垮的。

因此，一个人若想出人头地，飞黄腾达，那么他就必须先使自己的思想升华，高到一定的境界，如果一个人拒绝让自己的思想进行提高，那么他将永远在怯懦和悲观的境界里徘徊，永远看不到希望的光芒。

所以说，一个人只要能够换一种思维方式看问题，就能在做事情时遇到峰回路转的契机，同时才能赢得一片新的天地，开启一个崭新的人生。

潜意识思维

每个人都知道，这是一个需要创新的社会，一成不变的观念将会带来毫无生机的局面。人类要想发展，时代要想进步，就要求人突破传统的思维模式，这样才能发挥我们身上强大的潜能，为社会做出更多的贡献。

假如一个人的心灵受到束缚，他的热情就会被抑制。要改变僵化的思维定式，需要我们改变观念，不断地学习新的知识，并随着形势的发展不断调整和改变自己的行动。要知道，不善于改变思维的人，就根本不可能找到成功的路径。

有这样一个故事：

几年前，皮尔有一位很好的朋友，叫皮尔森，那人是他的裁缝，住在布鲁克林。皮尔森先生每次为他裁剪一套西服之后，都不忘教导他如何维护这套西服，使它不至于变形。

“每天晚上就寝前，把每个口袋里的东西全部掏出来，”他说，“以免衣服鼓胀而变形。”同进向他示范如何把裤子挂起来：两条裤管叠在一起，挂在衣架上，这样才不会产生褶皱。

跟大多数男人一样，皮尔身上也带有一个皮夹子、一个信用卡袋、钥匙、铅笔、钢笔，同时也带着一把小剪刀，以便随时把有趣的文章剪下来。他的口袋相当于一个档案柜，装着一天累积下来的各种笔记和备忘录，有时候甚至是几天累积下来的。他经常掏空口袋，以便重新整理那些收集来的各种资料。他总是把那些一度细心整理的东西加以检查，然后把它们收集起来，他觉得这是莫大的乐趣。最后，他把笔记和钥匙等其他东西，一起放在抽屉里，以便第二天作处理。

在这种情况下，本来杂乱无章的一堆东西，就被整理得十分妥当，也因此帮助他带着平静的思想和情绪安然入睡，而不会有事情尚未做完的罪恶感。

这种把口袋掏空的仪式进行了几个礼拜之后，他开始体会到有效处理笔记和备忘录的愉快感觉。于是，他开始想到把这同样的程序，应用到处理一个人累积下来的思想、疲惫的态度、沮丧的感觉、悔恨、气馁——这些东西使得人们的头脑变得杂乱无章。根据这些原则，他开始找出并对付所有那些陈旧、疲惫、麻木、沮丧的念头，并且有意识地把它们想象成从意识中流出来，有点像是看着它们流进排水沟。

他对自己说："这些念头现在从我脑中流出去了——流出我的头脑。它们逐渐离开我的身体——离开、离开，甚至就在此刻，它们完全离开了。"

在这一切得到证实之后，他接着采用一种科普米尔在他的一本著作中所建议的方法，这种方法可帮助人们迅速地入睡，就是想象“看见”一阵浓雾在意识中涌现出并翻滚，把一切事物完全遮蔽了。他发现，采用这种方法之后，人更容易迅速入眠，那些可能刺激头脑的思想，则迷失在那阵无法渗透的大雾弥漫的模糊中。那阵大雾在意识和现实的世界中，形成一面墙。结果为他带来一场香甜的睡眠，醒来之后，他觉得浑身充满新的力量。

通过运用这个方法，皮尔恢复了每一天所必需的能力和活力，也为他提供了一个更好的生存方法，使他永远都充满继续前进的奋斗精神。

很多人可能会有这样的经历。参加考试的学生，当拿到考卷的时候，经常会发现，原来熟记于心、背得滚瓜烂熟的东西一时都想不出来了。只觉得头脑中一片空白，回想不起任何和考试内容相关的东西。这时，如果你越是想起某些东西，越是和自己较劲，你就越是想不起来。在这种情况下，你最好的选择，就是暂时把它放弃，做那些你可以记住的东西。等到全部试题都答完了，再回过头来考虑刚才想不起来的问题。还有些东西，你真的是在考试时难以想出它的答案，可是当你走出考场，心中的压力全都解除了，那些你怎么也想不出的答案，却神不知鬼不觉地跑了出来。

对大脑使用强迫性力量，其实是你自己给自己预先设下了对立面。如果你的思维集中于解决问题的方法或过程，那么，它就不会关注于问题本身。对于任何想法、愿望或头脑意象而言，意识与潜意识之间必须达成某种默契。只有二者之间不存在任何的冲突，答案才会出现。

所以，为避免愿望和想象之间出现“打仗”的情况，你在进行祈祷时，最好让自己进入意识模糊的状态，比如将要睡着的时候、刚刚起床的时候，这种时候，既有助于排除各种杂念的干扰，又是潜意识思维活动的“高峰期”，潜意识能够老老实实地听你的安排。

有一点需要注意的是，当你运用潜意识思维时，不要使用意志力，不要假定会存在任何对手。你需要做的，就是想象目标已经实现后，你的那种喜悦和高兴的状态。这时，你将会发现，自己的某些“悟性”与“智慧”总想站起来，试图挡住潜意识的前进之路。别去管它，你尽力保持一份单纯而强烈的信念足矣，它终将产生奇迹。

要想潜意识做出有效的回应，有一个相当可行的方案，那就是运用一切科学的手段，“激活”头脑中的想象力。

另外，你也可以诉诸有效的“祈祷术”，具体的方法如下：

首先，对你的问题进行分析；

其次，把解决问题的任务下达给你的潜意识思维；

最后，酝酿情感，对潜意识的能力寄予完全的信任，坚信你的问题一定能够得到解决。

需要注意的是，在实施祈祷的时候，不要流露出“我希望自己有可能痊愈”，“但愿一切顺利”之类的字眼。这种意识的努力不会起到任何作用，即使起到作用，也是负面作用，这样做的结果只能使潜意识思维产生抗拒心理，从而使你的愿望泡汤。所以，我们的言词要充满无限的权威，充满坚定的力量。我们要对自己说“我相信将一切顺利”或者“我一定能够痊愈”，等等。

要想让潜意识真正发挥作用，就要让潜意识说出自己的要求和渴望，这是非常必要的，但是完成这一过程的时候，需要我们全身放松，以一种平和的心态进行，只有这样，潜意识才能自主地工作，并发挥力量。

切记：在这个过程中，不要过分关注细节和手段，重要的是你的心态。不论何时，只要你想要解决的问题得到了解决，你就要记住这种成功后的快感，用那些快乐来愉悦自己。

思维将迈向哪里

按照人的生理特点来说，人到了70岁左右，身上的各种器官都开始变得衰老，并且无所作为。但是，在更为开放与文明的未来，我们可以把70岁视为“中年”。因为有一项科学研究发现，有的人属于“青年型”，而有的人属于“老年型”。二者的区别在于，前者到了40岁以上时，仍然觉得自己尚且年轻；而后者在此年龄段时，便自觉已近“中年”，青春不在。

其实，在我们人生旅途中，没有牺牲就没有进步和成就，衡量一个人所取得成就的尺度，应包括摒弃的兽性的思想，只有果断地抛弃兽性的思想，他才能全身心地投入到自己的计划中去，才能增加自己的毅力和信心。他的思想的境界高了，他的魅力和勇气也会与日俱增，他的成就也会更高。

应该说，这个世界是无比厌恶那些贪婪者、虚伪者和恶毒者的，虽然我们在表面上无法看到这一点。但是不管怎样，世界青睐高尚者和大公无私者。人类历史上所有伟人的事迹都证实了这个观点。如果你也想证实这个观点，那么他就必须坚持自己正确的思想，使自己的思想越来越高尚。

人的潜意识思维永远不会老，它无时无刻不在洋溢着活力，它能使你永葆青春活力，一往无前。

所以，我们永远不要停止工作，如果你对自己说“我已经退休了，我老得不中用了”。那么，你就是主动放弃，这无异于人生的第二次死亡。对于身心健康与个人形象而言，你的大脑、你的思维，是起着核心作用的“设计大师”。这也就是为什么有的人在30岁时身心已介入老年，而有的人在80岁时身心依然年轻。

现实生活中相当多的人却过于惧怕长大、变老。随着年龄的增加，他们相信大脑与身体的活力会渐渐流失殆尽。这种心态，只能使之快速地落入早衰的境地。

的确，一个人的确易于老化，也终将会变老，但是假如他人未老的时候，却失去生活的兴趣，不再幻想，不再追求新的事物、征服新的生活目标，那么这无异于自己宣告提前死亡。

不同的心理预期，使潜意识思维产生相应的创造性机制。到一定年龄时，人们开始下意识地疏于锻炼；从而使身体各处的柔性和灵活性大大丧失。缺少体力锻炼，会使人体的毛细血管收缩，并最终失去作用。

在人体内，毛细血管是废弃的“人体垃圾”的出路。倘若缺乏一般性活动乃至较为激烈的运动锻炼，最终将使毛细血管变得“干涸”、滞塞。

不仅仅体力活动是生命力的重要特征，脑力活动同样如此。

这正是科学家、发明家、画家、作家、哲学家不但寿命要长于普通人，而且能更长久地保持创造力的原因。例如，米开朗琪罗年逾80岁时，完成了生命最杰出的几部作品；歌德在80岁以后，写出了不朽的巨著《浮士德》；爱迪生到了90岁仍有发明创造。

人们所谓实现理想，所指的就是精神上取得的成就。思想崇高的人和心地善良纯洁的人，都会养成高贵无私的品德，而且这种品质还会不断地升华提高，直到最辉煌的境界。这就像太阳正午最高，月亮会出现满月的道理一样。到了一定的时间，就会出现相应的结果。

所有的成就——不管是商场上的，精神领域里的，还是智力上的，它都是正确思考的结果，都具有同样的游戏规则和行动规律，它们之间唯一的区别是奋斗的目标各不相同。

无论任何形式的成熟，都是因为有了正确理想。人通过自我控制和果断正直积极的思考，可以得到升华。而低俗无聊、懒散颓化的思考，会使人走向堕落。所以有人曾说："一个在世上取得了巨大成就的人，或者在精神领域里拥有极高地位的，一旦放纵自己，允许傲慢、自私、无理性的思想再次出现在脑子里并任其发展，那么他必将回到失败的困境中。"

"我们之所以年老，不是因为年龄，而是因为我们对年龄增长的情感和态度。"心理学家哈契内克曾这样说道。所以说，思维决定心态，思维决定行为，我们的思维到了哪里，我们就能想到哪里，做到哪里。只要我们能够不断地给自己增加信心、勇气、兴趣，我们就可以延缓衰老，让自己永远活在一个年轻的世界里。

第二章 打开生命的潜能

人人都有巨大的潜能

人的潜能犹如一座待开发的金矿，蕴藏无穷，价值无比，而我们每个人都有一座潜能金矿。但是，由于没有进行各种潜能训练，每个人的潜能都没得到淋漓尽致的发挥。并非大多数人命里注定不能成为“爱因斯坦”，只要发挥了足够的潜能，任何一个平凡的人都可以成就一番惊天动地的伟业，都可以成为一个新的“爱因斯坦”。

冠生园企业的创始人冼冠生出生在一个贫苦的家庭里，就是因为贫困，自幼便过早地饱尝了生活的酸甜苦辣。严酷的生活教给他许许多多如何做人和生活的道理，也练就了他有一个很高智商的头脑，同样也使他明白了一个人要想生存发展只能靠个人奋斗的真谛。

苦难的人生经历磨炼了冼冠生，在很小的时候冼冠生渴望着有朝一日能走出家门去闯一闯外面的世界，但苦于一直没有机会，改变他人生命运的一次机会终于在他15岁这一年降临了。一直盼望儿子日后有所作为能改变家里面貌的母亲得知她的一个亲戚从上海回家探亲，于是，她数次登门拜访，央求这位亲戚将冠生带出家门让他也出去长长见识，找个活干干养家活口，谋求一个体面点的职业。去一次不答应就还去，这位亲戚经不住她的再三相求，就答应带着年仅15岁的小冠生到大上海闯世界。于是冼冠生开始了他艰难的谋生之路。

初次来到上海的小冠生在生居宵夜馆当了一名学徒。经过冼冠生的反复思考后，他觉得烹饪是一门独立谋生的好手艺。因此，他暗暗留心，勤学苦练，虚心求教，技术突飞猛进，他对人热情，慷慨大方，使在此学徒帮工的老老少少都很喜欢他，当时很多老厨师给他的评价就是“有悟性且勤勉”。

繁华的大上海让冼冠生大开眼界，眼前的一切深深迷住了他，他在心中暗下决心，一定要在上海把自己的理想实现。

可是，冼冠生不得不面对这样一个现实：全家的生活很快就要陷入困境了，他不能坐吃山空，而必须先想办法来养活全家老小。冼冠生认定“人有一技之长，便可吃遍天下”的道理。于是他捡起了自己熟悉的糕点技术。他考虑到摊贩生意本钱小、灵活性强，不仅可以在大街小巷设点，也可以到繁华地带随意设摊，于是他重新做起了摊贩生意。

当过3年学徒的冼冠生已学到了一手高超的烹饪技术，而且他自幼过惯了苦日子，生活也相当简朴，所以他省吃俭用省下了一笔工钱。尽管这笔积蓄数目不大，但足以令冼冠生踌躇满志，而且他决定离开生居宵夜馆，独自去闯天下。而这也并非他所想象的那么简单，坎坷，困难重重都是对他的一次次考验。

起初由于他并不懂得管理，先后开办的几个宵夜馆，都失败了。一些亲戚朋友逐渐对他失望了，有的抱怨他，有的甚至嘲笑他，认为他根本就没有经商的头脑，不是经商的料。但冼冠生对这些风言风语视而不见，根本不在意，因为他坚信自已一定会取得成功的。

就这样，他变卖了宵夜馆里的一些家当，凑足了钱，携全家在上海一个偏僻的地方租了间廉价的旧亭子住下来，一家4口人挤在一起，把亭子间既当卧室又当作坊，又开始了他的努力奋斗。

全家人在他的带领下起早贪黑，苦心经营，辛勤劳作。他和母亲、妻子在白天制作糕点、牛肉干、陈皮。晚饭后，他便挑着他的小吃担来到戏院门口摆摊。功夫不负有心人，别看冼冠生的摊小、生意不人，但他做生意有一个最人的优点就是讲信誉，因为他深知这对一个做生意的是多么重要，由于他做的糕点以料鲜味美、量足质优而闻名。这自然招来络绎不绝的新老顾客。每当夜戏结束以后，他的小摊总要被围个水泄不通，往往供不应求。同时顾客既是上帝也是最好的宣传广告，冼冠生的糕点名气随着时间的推移也越来越响，越传越远。而这些都为他后来的事业打下了坚实的基础。

就在冼冠生的生意蒸蒸日上时，他也已经成为很多人注意的焦点了。冼冠生发现有一个人每天都在盯着他和他的小摊生意。这人就是上海著名的京剧演员薛小青的大少爷薛寿龄，他发现冼冠生的经营越来越成熟，而且糕点制作精细，质量、信誉都有很好的口碑，于是，他决定和冼冠生合作，一起投资开店。薛家在上海滩一带不但很富有，并且具有相当高的社会地位和社会影响，与社会名流、达官贵人、政界要人，甚至包括三教九流在内都有一定的交情。薛寿龄是个豪爽侠义，胸怀大志的人，他早就有意投身商海，只是苦于没有中意的合作伙伴。现在看见冼冠生为人处事、经营管理都有过人之处，十分满意，于是便立刻主动上门和冼冠生商量，打算一起合作开店，并愿意负责门面店的购买，提供大量资金等。

冼冠生听了之后，觉得这是个很好的时机。他多年来一直耿耿于怀的就是在上海滩一无权势、二无资金，而这两样又是立足上海滩求发展所必不可少的条件，现在有人主动找上门来，冼冠生求之不得。自然两人一拍即合，冼冠生爽快地答应了。薛寿龄马上决定筹资3000元共同开办冠生园食品店，同时考虑到日后发展顺畅，为了扩大生意，便又出面召集了4位大款朋友一起入伙合作。就这样，总共有5人出资，每人平均500元。冼冠生手头没有现钱，就先以家具作价500元入资。这就是人们耳熟能详的冼冠生凭借“500块钱起家”的由来。也是他凭借自己敏捷的头脑抓住了这次大好机遇，迈向了成功的圣殿。

所以说，要释放人的潜能，就需要进行潜能激发，让人进入能量激活状态。如果一个组织中所有成功的能量都处于激活状态，那么它可以带来核聚变效应。这正如张琪所说：“潜能激发的前提是相信所有人都具有巨大的潜能，而且这些潜能还没有被释放出来。虽然人们可能通过自我激励来开发潜能，但更可靠、更适用的方法是通过外因的激发带来能量的释放。因为自我激励需要坚强的意志力，而外因的激活则是人的一种本能反应，而且它的激发本身带有一种竞技游戏的效果，这种效果可能激发我们的雄心，并使我们在一瞬间看到希望，激发起无限潜力，去追求成功的足迹。

向自己挑战

如果我们渴望走向成功，我们一定要坚信地对自己说："向自己挑战。"我们每天都要对自己说："挑战，挑战！无限的成功就是无限的挑战，千万不要停止对理想的追求与挑战！"如果我们有勇气向自我挑战，就会获得一种奋发向上的动力，就会马上进入成功的状态。所以说，如果我们想要让自己成为一名高贵的领导者，让自己的事业不断上升，就马上向自己挑战吧！毕竟向自己挑战是一项勇敢的举动，是伟大的——对自己的挑战，就是向一切竞争者挑战！

张琪的童年是在云南边远的农村度过的。他住在四周被群山环抱的大山之下。20世纪80年代，云南大山里的人们还在饱受着饥饿与贫穷的折磨，但这一切也没有影响到张琪。

在张琪童年记忆里，范天能是教他小学的语文老师，这位老师当时就是一个敢于向自己挑战的人，他经常对他的学生说："一个人能成为什么样的人不在于他出身如何，而是要看他是否敢于挑战自我。如果他敢于挑战自我，他就一定会做出最伟大的事情来。”张琪现在回忆起来说：“每次听他这么说，我们都会嘲笑他，甚至将他的话当作耳边风一样不加理会。但是，范天能老师从来都没有放弃过鼓励我们。”

在一个寒冷的冬天里的一天，范天能老师单独把张琪叫到了他的办公室。在张琪走进他办公室的那一刻，他用一双锐利的眼睛看着张琪，过了好长时间，然后用一种威严的声音对张琪说：“张琪同学，我现在请你到操场上去站一个小时。”

张琪听范天能老师这么说，他吃惊地看着他，过了好半天才抗议道：“我并没有做错什么事，你凭什么让我站到操场上去。”

范天能老师站了起来，用手抚摸着张琪的肩膀说：“孩子，我知道你没有做错什么。我对你只有一个要求：从现在开始，请你去做一个敢于向自我挑战的人，如果你能战胜了这个严冬，你就能够战胜一切困难。”

“我！”张琪的心里开始哆嗦起来，心里想道：“我的范老师呀！你有没有搞错呀！让我站在操场上一个小时，虽然这里不是零下几十度，但这里历来就有小西伯利亚之称的北闸呀，你存心是与我过不去，一个小时，我不冻僵才怪呢！你是不是疯了！”尽管张琪这样想，但他没有拒绝，最后还是站到了操场上。

时间一分一秒地过着，1分钟、2分钟、10分钟，张琪坚持不住了，但他还是对自己说，我要做一个能够挑战自我的人——我要做一个敢于挑战自己的人。就是在这样的意念之下，张琪又坚持了20分钟。

40分钟的时候，张琪好像进入了一种状态，他在心里默想道："其实这里的冬天并不寒冷，毕竟这里是南方，我的老师因为爱我，才希望我敢于挑战自己，他让我从这里感受到了大自然也有温暖与冰冷。这对我是非常有益的，当我日后走上社会的时候，我将面对的是成功与失败，报复与打击，如果面对成功与失败，面对报复与打击，我都能敢于挑战自我，那我就会走向成功。"

张琪的默想似乎在体内产生了某种能量，他热血上涌，最后情不自禁地大叫了一声："是啊，我要向自己挑战。谁敢应战？"张琪激动不已，他的内心渴望着更大的挑战。

张琪也许是经历了这样一场锻炼，在他日后的人生经历中，无论是面对多大的打击，他都能够坦然面对。哪怕是面临生与死的考验时，他也会说："一个平凡的人在紧急情况下，也能从体内产生力量进行自助，这种方式是非常奇妙的。我们过着拘谨的生活，避开困难的任务，除非我们被迫去做或者下决心去做时，才会立即产生一种无形的力量。我们面临危险时，勇气就产生了；被迫接受长期的考验时，就发现自己拥有持久的耐力；灾难最终造成我们惧怕的后果时，我们会发现内在的潜力，仿佛是出自永恒手臂的力量。一般的经验告诉我们，当形势特别需要我们的时候，只要我们无所畏惧地接受挑战、自信地发挥我们的力量，任何危险或困难都会激发能量。"正是张琪有了这样的认识，他才在不同场合说道："我非常感谢我的老师——范天能老师，因为他是我人生成功路上的启蒙者。"

在过去创业的日子里，张琪在创业路上同样遭受过打击和失败，但他总是敢于挑战自我。每当夜深人静的时候，他常常对自己说："在茫茫宇宙中，在无限的时间和空间中，一次失败算不了什么，我不能屈服于失败，我要竭尽全力去努力，去拼搏，我要用一颗百折不挠的心去重新开创自己的事业。"他四处奔走，一面经营着自己的文化公司，一面开拓新的业务。

张琪又一次从零开始，白手起家。

张琪后来在自己的创业旅途中，他不断地努力着，他都在为了自己的理想而奋斗着。在重新启动公司的岁月里，他经受着坎坷、险阻、困难、打击、报复、诬陷、波折。在刚开始的半年时间里，张琪可谓步履艰难，重重困难向他扑来，无处躲藏，无人援手，但他持之以恒地走了下来。

在经济日报出版社出版的《领导规则》一书里，张琪曾这样回忆道："在创业路上，很多时候我都是在孤军奋战，做了大量的工作，从来没有过节假日，在一百八十多天的日子里，我每天都是拖着疲惫的身体回到家里，每当我睡到半夜的时候，我都会感到我的肩胛骨在疼痛，我知道我已经进入了亚健康状态，但我不能停止，为了我的未来，我必须走下去，我不能放弃，而且是永不放弃。"

张琪只是谈到了身体的劳累，更重要的是他的心也在遭受严重的摧残。在创业过程中，他为了展示出自己的才能，他总是每天工作十七八个小时，以此为公司的刚刚起步节省成本。产品开发出来，他又不断地向代理商演示自己的一个个方案，希望获得他们的支持，然后又历尽千辛万苦，披荆斩棘，进行了大量开创性的前期准备工作，如挑选人才、筹措资金、申请各种批文等，最后一步步走向成功。

从张琪的身上，我们可以看到，每个人都不应向命运屈服。我们要看到，一个人要取得成功，关键在于“无所畏惧地接受挑战”和“自信地发挥我们自己的力量”这种态度。这意味着保持一种进取的、追求目标的态度，而不是防御的、退避的或消极的态度：“不管发生什么情况，我都能应付自如，或者看到解决问题的方法”，而不是“我希望什么事情也别发生”。

所以说，只要我们敢于挑战，我们就能相信：任何未来的日子都是新生命的片段，绝不可轻言放弃。尤其不可在你未完全绝望时，轻言放弃任何未来的日子。挑战是我们对自我超越的一种激励，绝望是大家都经过的折磨。这种激励和这种折磨的感受有如我们在那瞬间放弃了生命的希望。但我们要记得，只要活着一天，绝不放弃生命。生命是不容放弃的。放弃生命或创造生命的希望，就是我们面临危机时的一种考验。

大自然赐给每个人以巨大的潜能

潜能是人类最大而又开发得最少的宝藏！无数事实和许多专家的研究成果告诉我们：每个人身上都有巨大的潜能还没有开发出来。美国学者詹姆斯根据其研究成果说："普通人只开发了他蕴藏能力的1/10，与应当取得的成就相比较，我们不过是半醒着的。"我们只利用了我们身心资源的很小很小的一部分。

科学家发现，人类贮存在脑内的能力大得惊人，人平常只发挥了极小部分的大脑功能。要是人类能够发挥一大半的大脑功能，那么可以轻易地学会40种语言、背诵整本百科全书、拿12个博士学位。这种描述相当合理，一点也不夸张。张琪在《赢在行动》一书中写道："在特殊环境下，你常常会身不由己。你再聪明，人家也看不起你，你得用成功证明自己。人必须有一个精神寄托，人是为了一个精神而活着的，否则就会茫然，就会倒下。"

传说美国的红印第安人，为了教导孩童应付森林中野兽侵袭的危险，从孩童年幼时就严格地训练他们，让他们学习勇敢与坚强的意志。大人把孩子带到森林里，把他绑在一棵树上，让他单独在森林中过一夜。孩子没有成人在旁，当然十分惧怕，大声呼喊、哭泣，但做父亲的并没有离他而去，只是躲在一旁，手里拿着枪，随时准备射击侵袭小孩的野兽。

有不少的时候，当我们遇见困难时，我们总希望神第一时间帮助我们解决，当我们呼救时，若没有什么改变，我们又认为神不理会我们或是丢弃我们。然而神一直在我们身旁，成为我们的守护者，他的迟延，只是叫我们有更好的训练，有更大的能力去面对将来更大的生活挑战。也许正是财富英雄们认识到了这一点，他们才会认为苦难是一笔重要的财富。在众多的财富英雄人群中，对深圳市富源集团董事长缪寿良而言，正是因为他经历了苦难，才让他在创造财富的路上有了更多的感悟。

所以说，苦难在我们每个人身上都是一件活生生的事，就像树木每一刻都在生长一样，它会在阳光下日渐壮大，从雨水中得到滋润，经过暴风雨会更坚固地往下扎根。所以，心中愁烦的人哪！在一切的经历中要说：苦难能够让我们去重新认识自我。对于这种认识，在缪寿良的身上体现得淋漓尽致。缪寿良很关心自己的员工，身体力行，过去和员工在一起的时候，他抽烟，自己抽一支也要给他们一支，不会自己一个人抽。到过富源集团的人都会有这样一种强烈的感觉：这里是一个家。这个家是朴素的，从外面看，一座普普通通的九层高楼房，和左右的居民楼没有什么不同，走进楼里，朴素的风格依然如故。一年多时间未见的老部下事先不打个招呼就跑到公司里找缪寿良，他就是再忙，也会抽出十几分钟的时间和他们聊上几句，然后很抱歉地跟他们解释，现在有很多事情办，希望他们改天再来。

中国有句成语说，苦尽甘来。另一句又说，吃得苦中苦，方为人上人。这些都是鼓励人在面对苦难的时候要忍耐，要有个盼望。

是否每一个人都会苦尽甘来？吃得苦中苦的，是否必然成为人上人呢？事实上也不一定。苦难有的是人生必须面对的经历，苦后不一定甘来。

苦难，对于弱者是一个深渊，对于强者是一笔财富，对于智者是一个台阶。

无所失去，也就更加无惧。没有当下的满足，也就更懂得眺望。

世界顶尖潜能大师安东尼·罗宾告诉我们，任何成功者都不是天生的，成功的根本原因是开发了人的无穷无尽的潜能。只要你抱着积极心态去开发你的潜能，你就会有用不完的能量，你的能力就会越用越强。相反，如果你抱着消极心态，不去开发自己的潜能，那你只有叹息命运不公，并且越消极越无能！

我们的生活也许正如下面这头驴子的情况，在生命的旅程中，有时候我们难免会陷入“枯井”里，会被各式各样的“泥沙”倾倒在我们身上，而想要从这些“枯井”中脱困的秘诀就是激发潜能，将“泥沙”抖落掉，然后站到上面去！只有这样，你才能渡过逆流而走向更高的层次。

有一天，一个农夫的一头驴子，不小心掉进一口枯井里，农夫绞尽脑汁想办法救出驴子，但几个小时过去了，驴子还在井里痛苦地哀号着。

最后，这位农夫决定放弃，他想这头驴子年纪大了，不值得大费周章去把它救出来，不过无论如何，这口井还是得填起来。于是农夫便请来左邻右舍帮忙一起将井中的驴子埋了，以免除它的痛苦。

农夫的邻居们人手一把铲子，开始将泥土铲进枯井中。当这头驴子了解到自己的处境时，刚开始哭得很凄惨。但出人意料的是，一会儿之后这头驴子就安静下来了。农夫好奇地探头往井底一看，出现在眼前的景象令他大吃一惊：

当铲进井里的泥土落在驴子的背部时，驴子的反应令人称奇——它将泥土抖落在一旁，然后站到铲进的泥土堆上面！

就这样，驴子将大家铲到在它身上的泥土全数抖落在井底，然后再站上去。很快地，这只驴子便得意地上升到井口，然后在众人惊讶的表情中快步地跑开了！

这头驴子真是了不起，它在面临死亡的时候，激发了自己的潜能。动物尚且如此，更何况是一个人呢！他当然不凡——但是他却只是个凡人，不过他却具有在危机状况下冷静而正确思考的能力。我们每一个人的身体内部都有这种天赋的能力，也就是说，我们每一个人都有创造的潜能。

安东尼·罗宾认为，不论有什么样的困难或危机影响到你的状况，只要你认为你行，你就能够处理和解决这些困难或危机。对你的能力抱着肯定的想法就能发挥出你的潜能，并且因而产生有效的行动。

潜能是无穷无尽的

世上每个人都是不同的个体，而在每个人的身上也都蕴藏着一份特殊的才能，那份才能犹如一位熟睡的巨人，等着我们去唤醒它，而这个巨人就是潜能。上天绝不会亏待任何一个人，上天会给我们每个人无穷无尽的机会去充分发挥所长。只要我们能将潜能发挥得当，我们也能成为爱因斯坦，也能成为爱迪生。无论别人对我们评价如何，无论我们年纪有多大，无论我们面前有多大阻力，只要我们相信自己，相信自己的潜能，我们就能有所成就。

人们常说："智者无悔""勇者无限"，当机遇来到你面前，你只要用智慧去识别，有勇气去面对它，一个勇者的自信心是获得成功的关键。只有自己对自己有自信，才不会错失机会，最终走向成功。

一个留学生到了澳洲，好不容易找到一份工作。面试时主管问他："你有车吗？你会开车吗？这份工作是离不开车的。"留学生忙说："有，会。"其实那个留学生连方向盘都没有摸过，他只是不想失去这一绝好的机会。

于是主管说："那好，一周后我们进行面试，请您开车前来。"留学生回去后就借钱买了辆二手车，第二天去学驾驶，第三天就开车上了路，第四天，沉着地开车去考驾照，第五天开着车绕悉尼城转了几圈，开得十分稳妥，一周后通过了面试。现在，凭着自己的努力，他已经一跃成为澳洲电讯的业务主管。

其实，抓住机遇并不难，只要你有足够的勇气和自信，成功就是属于你的。面对机遇，我们不能犹豫，稍一犹豫机遇就会弃你而去，只要是你决定的事情就不要放弃，要有坚定不移的信念。

一个有12年养牛经验的人说过，他从来没有见过一头母牛因为草原干旱、寒冷、下冰雹而出现什么精神崩溃，也从不会发疯。面对现实，并不等于束手接受所有的不幸，只要有任何可以挽救的机会，我们就应该奋斗！但是，当我们发现情势已不能挽回了，我们就最好不要再思前想后，拒绝面对，要接受不可避免的事实，唯有如此，才能在人生的道路上掌握好平衡。诗人惠特曼说："让我们学着像树木一样顺其自然，面对黑夜、风暴、饥饿、意外与挫折。"

成功学大师卡耐基说："有一次我拒不接受我遇到的一种不可改变的情况。我像个蠢人，不断作无谓的反抗，结果带来无眠的夜晚，我把自己整得很惨。终于，经过一年的自我折磨，我不得不接受我无法改变的事实。"

记住该记住的，忘记该忘记的；改变能改变的，接受不能改变的。中国人主张“随遇而安”，便是在心理上自我调整，做到“处处是吉地”，便可以摆脱客观条件的限制。任何环境都能成功，这才是弹性大、适应力强的表现。一个人不可能总是生活在同一个环境中，即使是生活在同一个环境中，环境也会时常发生变化，如果不会适应环境的变化或者适应不了新环境，则只能被淘汰或归于失败。人必须能处良好的环境，也能处恶劣的境地，才不致为环境所困。我们应该一方面以心理改造环境，使其安全而舒适，一方面也要随遇而安，以欢愉的心情，来适应当前的环境。能够挑选环境的时候，不要许诺机会，好好地挑选。不能挑选的时候，则抱着随遇而安的心情，照样愉快地生活下去，把工作做得很好，才是上策。

事实上，世界本来属于我们，我们只要抹去身上的灰尘，无限的潜能就会像原子反应堆里的原子那样充分发挥出来，我们就一定会有所作为，创造奇迹。

别压抑你的潜能

有句话说得好，你自己的水要你挑，你自己的木材要你去砍。同样道理，你的潜能有待自己去开发。潜能激励专家魏特利曾经说过这样一句话：“在开发潜能时，没有人会带你去钓鱼。”

我有一个朋友，他大学毕业没多久，就进入市里一家零售企业的人事部门做个小职员，因为是零售企业，人员需求很大，变动也很大，每天都有人离职，有人报到，这个对工资不满，那个对岗位不满，每天把他搞得心力疲惫。

这还不是最重要的，更令人痛苦不堪的是，我这位朋友所在公司的老板脾气很大，雷厉风行，一点做不好就要被骂，每次开例会，公司的经理是被骂得最惨的。一出纰漏，每个部门都推说人手不够，忙不过来，工作做不完，反映了多少次也没招来人，就算招来了也多是些工作态度不好，不专业的人，他们为了推卸责任，总是把不是往我朋友所在的人事部门推，于是老总指着经理鼻子骂，骂她办事不力，连个人都招不来，养着你干什么？经理每次都被骂得眼泪汪汪的，但为了生活，也只好承受着。

说到我这位朋友的人事部经理，算起来也是名牌大学毕业的，长得也漂亮，工作也挺认真的，为了招人，每天不停地奔波在各大招聘会，报刊广告、网上、网下全都上，一刻都不敢松懈，每天都有人来应聘，要筛选，要面试，连喝口水的功夫都没有。即使这样，由于出不了成绩，面对老板的不满意，她只得另想办法。

过了一个月，我这位朋友的经理好像变了一个人一样，她显露出一副和蔼可亲的样子，说话也很和气，从不发脾气，好像没什么烦恼似的，工作也不是很用心，她不去招聘会，不看招聘报纸，每天一杯茶，优哉游哉的。见领导如此，部下都为她担心，一直认为，这样下去还不被老板骂死。可奇怪的是，来应聘的人络绎不绝，很多都是有经验的，很有实力，其他部门的经理也很满意，就连公司一直空缺的财务总监也招来了，原先来应聘的人老板总是挑三拣四的，这次，二话不说收下了，真是让我们刮目相看，不知道经理是怎么做到的？有一次，部门聚餐，借着酒劲，属下问经理为什么会有如此大的改变，到底有什么秘诀。经理哈哈一笑，笑眯眯地说："其实，当领导也是有学问的，在职场上，想要成功不只是要靠努力，还要有策略，有智慧，只知道低着头做事是不行的。有时候，只要找对方法就可以事半功倍了，不然，累得半死还不讨好。"

当然，实际情况并没有这位经理说得这么轻松，而是她经历了老板的骂之后，她不断激发自己的潜力，想出了一个很好的办法，这个办法就是用悬赏招聘的方式，最终为公司招到了合适的人。

由此可见，一个人要想挖掘自己的潜力，真正需要唤醒的是自己。我们每个人都应当尽可能地挖掘自身的潜能，激发自己的雄心壮志。因为潜能是导致我们成功或失败的重要原因。只要我们能够认识到这一点，就会询问自己的行为是否对社会、对他人或对自己有益，是否能让一个人在自主选择的过程中，不断超越自己，并由此获得最大的快乐。当然，这一切都需要我们去不断地努力，只要我们每天多做一些，就是在开始进步，为自己不断地增加力量。就像举重一样，第一天我们拿较轻的，然后第二天稍微增加一点重量，我们就用这种不断增强力量的办法来帮助自己，直到我们能够对自己的人生操控自如。

魏特利有幸在年少时，便学会了自立自强。他住在圣地亚哥，他家附近有一个陆军制空炮兵团，驻扎的士兵和他成了好友，以消磨无聊的闲暇时间。他们会送魏特利一些军中纪念品，像陆军伪装钢盔、枪带及军用水壶，魏特利则以糖果、杂志，或邀请他们来家中吃便饭，作为回赠。当时大家都是如此。魏特利的家并不富裕，无法供应丰盛的食物，但基本上衣食无缺。他们从未饿着肚子上床，他母亲总是使仅有的几件衣裳，洁净如新。

魏特利永远记得那一天，从那一天之后起，他明白了这个道理：在开发潜能时，没人会带你去钓鱼。他回忆道："那天我的一位士兵朋友说：'星期天早上5点，我带你到船上钓鱼。'我雀跃不已，高兴地回答：‘哇哈！我好想去。我甚至从未靠近过一艘船，我总是在桥上、防波堤上，或岩石上垂钓。眼看着一艘艘船开往海中，真令人羡慕！我总是梦想，有一天我能在船上钓鱼。噢，太感谢你了！我要告诉我妈妈，下星期六请你过来吃晚饭。’

周六晚上我兴奋地和衣上床，为了确保不会迟到，还穿着网球鞋。我在床上无法入眠，幻想着海中的石斑鱼和梭鱼，在天花板上游来游去。清晨3点，我爬出卧房窗口，备好渔具箱，另外还带了备用的鱼钩及鱼线，将钓竿上的轴上好油。带了两份花生酱和果酱三明治。4点整，我就准备出发了。钓竿、渔具箱、午餐及满腔热情，一切就绪——坐在我家门外的路边，摸黑等待着我的士兵朋友出现。但他失约了。

那可能就是我一生中，学会要自立自强的关键时刻。

我没有因此对人的真诚产生怀疑或自怜自艾，也没有爬回床上生闷气或懊恼不已，向母亲、兄弟姊妹及朋友诉苦，说那家伙没来，失约了。相反的，我跑到附近汽车戏院空地上的售货摊，花光我帮人除草所赚的钱，买了上星期在那儿看过、补缀过的单人橡胶救生艇。近午时分，我才将橡皮艇吹满气，我把它顶在头上，里头放着钓鱼的用具，活像个原始狩猎队。我摇着桨，滑入水中，假装我将启动一艘豪华大油轮，航向海洋。我钓到一些鱼，享受了我的三明治，用军用水壶喝了些果汁，这是我一生中最美妙的日子之一。那真是生命中的一大高潮。”

魏特利经常回忆那天的光景，沉思所学到经验，即使是在 9

岁那样稚嫩的年纪，他也学到了宝贵的一课：“首先学到的是，只要鱼儿上钩，世上便没有任何值得烦心的事了。而那天下午，鱼儿的确上钩了！其次，士兵朋友教给我了，光有好的意图并不够。士兵朋友要带我去，也想着要带我去，但他并未赴约。”

然而对魏特利而言，那天去钓鱼，却是他最大的希望，他立即着手设定目标，使愿望成真。魏特利极有可能被失望的情绪所击溃，也极有可能只是回家自我安慰：“你想去钓鱼，但那士兵哥们没来，这就算了吧！”相反的，他心中有个声音告诉他：仅有欲望不足以得胜，我要立刻行动，要自立自强，自己开发属于自己的那一片沃土——潜能。

善用你的野心

在我们的人生历程中，我们必须要做一个有野心的人，一个人只有有了野心，他才能对自己感到不满足。如果一个人对自己不满足，那么必然会成为一个追求卓越的人，这种人就有可能成功。那些随遇而安，容易满足的人，是不可能用更高的标准来激励自己的。

那么，什么是野心呢？野心就是我们平时所讲的理想，更宏伟的理想。毛泽东说过："人是要有点精神的。"但是人也应该是有些野心的。秦始皇没有野心，何以吃六国！拿破仑没有野心，何以征服整个欧洲！野心要有的，但是不能有希特勒般的野心，那样整个世界会遭殃；不能有布什般的野心，那样战争会不断爆发。人应该敢想敢做，做正确的事情，对自己认准的事情就要一干到底，相信天生我材必有用，用自己的野心去闯荡世界，心有多大，你的舞台就有多大；心有多远，你就能走多远！

野心，通常被认作与有野心的人联系在一起——即与那些不管如何俗气，都很愿意得到某种名声并为此奋斗的人联系在一起。

然而，现实中存在着健康的野心。一个人若不追随那些比自己知之更多也聪明或完美的人，他要获得智慧、发展和提高自己，如果说不是不可能的，至少也是很艰难的。竞争中的领先者——那些总走在前面的——都会受到别人嫉妒，普希金曾说过的，“人们会说这些人是‘……竞赛的同胞姐妹，因此生产他们的种子好。’”

不满足是表示你需要较好的东西。你要注意这种标记，因为它可以催促你向着好的方面进行。当你在通向老板的道路上行进时，可能很快取得一些成绩，你的生活比以前改善了很多，你可能会觉得相当满足了。但是不要忘记了当初远大的目标，如果你这个时候一味享受这种满足的感觉，那么你也只是一个“半途而废者”，不是一个真正的成功者。

不满足意味着有野心。野心是成功的动力之一。你看你的老板，他已经功成名就，你也许不容易察觉出他的野心，但你能看到，他们首先往往是“不满足——洞察力——精力”的结合体。

列夫·托尔斯泰年轻时就在自己的日记里直言不讳：正是自尊和野心时常激励着他去行动。令他回味无穷的经历是在杂志上阅读关于《马克尔的笔记》的评论。托尔斯泰发现这些评论既能供人消遣又具有实用价值，因为从中能看“野心的亮光可以唤来行动”。

研究创造行为和科学多样性的心理学家，将野心看作一种最有创造性的兴奋剂，他们相信野心在本质上就是充满活力的东西。

当然，过火的野心勃勃便是丑恶了。但即使是人类最好的品质在被夸大到荒谬绝伦的地步，不也会转变为它们的反面吗？

一位哲学家说："自我实现是人类最崇高的需要之一。它从来都是人生的兴奋剂，是一种抑止人们半途而废的内在冲力。自我实现的欲望越是强烈，一个人在他的生活旅途中就越是信心百倍，成果卓然。"

的确健康的野心乃是形成自我尊重心理的伟大力量——如果这种野心是健康的，而非只追求名声的病态野心。

健康的野心能使一个人变得更为完美，并能推动他探索自己前进的航向。俄罗斯有一句谚语："他是一名不愿成为将军的士兵。"这句谚语是对正常野心的解释。

"燕雀安知鸿鹄之志"，野心勃勃的人会强烈地渴望成功，而渴望成功的人一定要有野心、有梦想、有远见。对于人们来说，一个野心、一个期待、一个期盼、一个悬在眼前的目标对于未来的人生有着更为重要的意义。野心和成功的关系，就像是蒸汽机和火车头的关系，野心是成功的主要推动力。人类最伟大的领袖就是那些用野心鼓舞他的追随者发挥最大热忱的人。

当一个人成熟的时候，他的各种动机就会发生变化，野心有时也会受挫而失败。这种情况出现的早晚因人而异，但不管怎样，野心都会有所变故。个性的宇宙飞船在进入生活的正确轨道之后，野心的助推器还会陨落。

有野心方能成大事

拿破仑曾说：“不想当将军的士兵不是好士兵”。而他自己就是这句话的最好诠释和证明。拿破仑在早年生活中，相信自己胜过信上帝。在短短的五年内，他由一个默默无闻的炮兵上升为一个率领数十万大军的将领，靠的全是自己的战功，而不是任何人的提携。

韩国前总统金泳三还在青年时代，就在屋子里挂着一张醒目的条幅：“金泳三——未来的总统。”这是金泳三的梦想和野心。

后来韩国进行第14届总统选举，执政的民自党候选人金泳三战胜在野的民主党候选人金大中、统一国民党候选人郑周永，成为韩国历史上首位文人出身的总统。

美国加利福尼亚大学的心理学家迪安·斯曼特研究发现：野心是人类行为的推动力，人类通过拥有野心，可以有力量攫取更多的资源。

法国富翁巴拉昂去世后，《科西嘉人报》刊登了他一份特别遗嘱："我曾是穷人，但当我去世走进天堂时，我却是一个大富翁。在跨入天堂之门前，我不想把我的致富秘诀带走。在法兰西中央银行，有我一个私人保险箱，那里面藏有我的秘诀；保险箱的三把钥匙在我的律师和两位代理人手中。谁若能通过回答"穷人最缺少的是什么"而猜中我的秘诀，他将得到我的祝贺。当然，那时我已不可能从墓穴中伸出双手为其睿智欢呼，但他可以从那只保险箱里荣幸地拿走100万法郎，那是我给予他的掌声。"

遗嘱刊出后，《科西嘉人报》收到大量信件。绝大部分的人认为，穷人最缺少的是金钱。穷人还能缺少什么？当然是钱了。还有一部分人认为，穷人最缺少的是机会，还有的说是技能，是帮助和关爱。答案各不相同。

而最后，一位叫蒂勒的小姑娘猜对答案。蒂勒和巴拉昂都认为，穷人最缺的是野心，即成为富人的野心。

颁奖之日，主持人问9岁的蒂勒，为什么她想到了野心，而不是其他。她说："每次，我姐把她的男友带回家时，总是警告我：'不要有野心！不要有野心！'我想，也许野心可让人得到自己想得到的东西。"

谜底揭晓之后，震动法国，并波及英美。一些新贵、富翁在就此话题谈论时，均毫不掩饰地承认：野心是所有奇迹的萌发点，很多人之所以穷，大多是因为他们缺乏一种非常强烈的野心。

如果你现在没有成功，没有地位，没有财富，无关紧要，只要你有野心。有了野心，才会想方设法去改变贫穷的命运。幸福不是天上的馅饼，它不会自己掉下来！ 有野心，才会去发挥潜能去拼搏，去改变现状。如果你有把野心贯彻到底的智慧和毅力，那么站在金字塔的塔顶，指日可待。

世俗观念中，“野心”这个词并不好听，因为它代表着不甘平庸，永远想出人头地的强烈愿望，人们极力压制有野心的人，是因为人们害怕他们做出更成功的事，从而超过自己。然而许多成功人士都是因为自己拥有一颗野心而最后如愿以偿的。如果没有野心，他们照样会流于平庸。其实，野心就是雄心，就是壮志。

美国的汽车大王亨利·福特，在12岁那年，随着父亲驾着马车到城里，偶然间看见一部以蒸汽机做动力的车子，他觉得十分新奇，并在心中想：既然可以用蒸汽做动力，那么用汽油应该也可以，我要试试！虽然在当时看来是个遥不可及的野心，但是从那时候起，他便为自己立下了10年内完成以汽油作动力车子的誓愿。

他告诉父亲说：“我不想留在农场里当一辈子农民，我要当发明家。”

然后他离开家乡到了工业大城市底特律，当了一名最基本的机械学徒，他一直没有忘记他的野心，一直孜孜不倦地从事他的研发工作。

29岁那一年，他终于成功了，在试车大会上，有记者来问:“你成功的秘诀是什么？”

福特想了一下说：“因为有野心，仅此而已。”

假如你现在还是一个穷人，你千万不要安于现状，要多点野心啊！你和别人不一样，不是天生受穷的命，不是天生吃苦的命。你要相信自己，通过努力，也一定会过上富贵的生活。

国外有句俗语：“不想当元帅的士兵不是好士兵。”这是战场上的结论，也曾经鼓舞了无数的士兵为之浴血奋斗，因为当上了元帅就意味着权力和其他的荣耀。而在中国，人们讲究内敛、谦虚。野心是有的，但是不能外露，否则人人会提防你，压制你。但是，在成功人的心里，有哪一个人是没有野心的呢？古今中外，曾有多少落魄的人，因为有了野心而取得成功！又有多少王侯将相因为满足于现状，而走向衰退？人生在世，没有一劳永逸的事，不进则退。今天退了，我们知足常乐！明天退了，我们又知足常乐！后天我们又该往哪里退呢？也许后面就是悬崖峭壁了，再退只有粉身碎骨的份，就像南宋王朝，偏安一方，畏首畏尾，不敢前进，最后只有灭亡。

第三章

唤醒你的创新力

什么是创新

黑格尔说过："要是没有热情，世界上任何伟大事业都不会成功。"所有个人行为的动力，都要通过他的头脑，转变为他的愿望，才能使之付诸行动。如果一个学生仅仅记住了数学的各种定理与公式，而不能把学到的知识用于发现新问题，不能解决实际问题，只学习老师讲的知识，只记忆书本上的知识，是远远不够的，应在课堂上学到的知识的基础上，勇于探索，善于创新。那就是教师应在教学中引导和培养学生的好奇心理，这是唤起创新意识的起点和基础。

有相当多的职场新人往往都有标新立异的欲望，想让自己的东西区别于他人，以体现自己的能力和价值，这都是非常自然的事。但要知道，工作讲究的是实际效果和低成本，如果用一般的方法实现同样的效果，那为什么还要花时间和精力去想一个有"创造力"的方法呢？而且，一般来说，要实现真正有实用价值的创新并不是那么容易办到的，这需要从模仿做起！因此，首先要懂得标新立异的必要性，然后还要懂得创新与模仿之间的关系。

哈佛大学前校长陆登庭在北京大学演讲时说：“在迈向新世纪的过程中，一种最好的教育就是使人们具有创新性，使人们变得更善于思考，更有追求的理想和洞察力，成为更完善、更成功的人。”因此，创新能力对于一个人的成长和发展十分重要。

一个企业家曾在透露他的成功秘诀时说：“不知出于什么原因，我们经常听到人们提倡创新有多么好，却从来没有人提起模仿其实也是一样的重要。事实上，我们日常生活中的百分之九十五以上，成功者处事行为的百分之九十五以上，都是模仿别人得来的。我们民族重视了几千年的学习，其实就是一种模仿。没有模仿，根本不可能创新；不懂得模仿，也肯定不懂得创新！创新几乎无一例外地要在原有的模仿基础上，不去模仿，创新就没有根基；不首先模仿，创新一定是盲目的。模仿是一条安全而高效的捷径，这是鼓励模仿的最大理由！”

这位企业家告诉我们：初次步入社会，创新很重要，模仿也同样很重要。很多实际工作并不需要你有多大的创新能力，而只需要你仿照固定的程序和模式，一步一步踏实认真地做下来就能收到很好的效果。刚开始职业生涯的人如果能学会模仿，那将加速你的成长过程。模仿是一种最简便的学习方式，你可以用几个小时或几天的时间，去学到别人需要很长时间总结出来的东西。但是，通过模仿，利用别人的方法，使你做事的工作效率与他的一样，那么能模仿为什么不模仿呢？

没有人会否认创新的重要性，这是不言而喻的。问题是，在我们还很弱小的时候，为什么非要沉迷于创新呢？我们有什么能力去创新？事实上，模仿已经足可以让我们成长得稳当而且更快，在模仿之下，创新才有意义。

事实上，成功者走过的路，通常都不适合其他人跟着重新再走。在每个成功者的背后，都有自己独特的、不能为别人所仿效和重复的经历。但是，你所要走的路当中，总有那么一段，同他们曾经走过的路，往往有相似的地方。有时候，大家所走的其实就是同一条路，即使有所区别，也不过是大同小异。只是因为你看不见，或者没有注意别人已经走过了，以为自己走的是一条新路。人们常常沉溺于自我摸索，不屑于观察和模仿别人，这样，容易失去借鉴的机会，最后吃亏的还是自己！

走一条从来没有人走过的新路，总是比走别人已经走过的旧路要慢。因为，走新的路，通常要遇到更多的障碍，要面对更大的风险。看清楚眼前要走的路，特别是留意别人怎样走同样的路，一定有让你受益的地方，它让你避免重复别人已经走过的弯路；另外有一些路，很值得你跟着别人一起走，这会让你成功的机会更大，就像大雁互相依靠着飞行一样。

所以，不要在乎自己是否跟着别人走他们已经走过的旧路，成功往往不是因为你发现了一条新路，而是因为你走在别人的前面。开始的时候，模仿是最值得做的事情，成功起步的可能性也大得多。反而，创新面对的压力、风险更大，未知因素很多，也更难把握得住，即使你立志要创新，也未必有基础、条件和力量允许你这样做。

当然，你要比别人走得快，甚至赶在前头，必须有一些属于自己的东西，或者有新的发现，否则，你永远只能跟在后面。模仿和创新，两者其实不矛盾，创新总是在模仿的基础上，而模仿通常也一定包含着创新，偏执任何一方面，都不会令你持久地获得成功。懂得选择、吸收、消化别人的好东西，变为自己所用，并且用得更出色，这本身就是一个极聪明的创新。

创新能力源于学习

学习不是为了把人类已有的知识储存在大脑中，而是为了创新。努力培养自己的学习能力与思考能力，因为学习的目的就是为了创新，当然创新的基础是学习和继承前人的成果，踏着历史巨人的肩膀，而登上创新的阶梯。而靠死记硬背来成为“知识库”型的人才，不可能有创新能力。在如今的这个知识经济社会里，人的大脑的储存功能在很大程度上可由电脑代替，学习是为了挖掘人类大脑的选择，评价信息，重组再生信息的功能，为创新所服务的。

我们知道，人的核心竞争力源于创新能力。通常，一个人的创新能力主要体现在以下几个方面：

· 发明某个以前未曾存在过的东西。

· 发现个存在于其他某处，但你没有意识到的东西。

· 为做某事发明一个新过程。

· 把一个现存过程或产品重新应用于一个新的或不同的市

场。

· 开发一个看问题的新方法（产生一个新观点）。

· 改变别人看问题的方式。

事实上，我们每天都在创新。因为我们在不断改变我们所持有的对世界的看法。创新能力不一定开发出对于这个世界来说是新的东西，它更多的是开发出对于我们自身来说是新的东西。当我们改变我们自身时，世界就以两种方式随着我们改变：一是以我们的行为影响世界的方式，二是我们经历世界的一个变化了的方式。

创新能力来源于什么？创新能力来自不断地学习。一个现在有能力的人，不管他是博士、硕士，还是高级工程师，如果不注重学习，也会落后，也会缺乏创意。

创新能力的提升要求人们头脑清醒，不断学习吸取新东西。例如，在西门子，要求每一个员工都能积极主动地从工作过程中学习、向同事学习、从商业实践经验中学习，并通过和他人分享知识来学习，保证自己的进步和未来的成长。西门子要求员工有个性，不平庸；他们或充满热情，或平静沉稳，或勤于思考，或感情冲动，或精明能干……但他们都具有一种特质，那就是——随时愿意接受新的东西。

通用公司前总裁韦尔奇经常鼓励他的经理们去仔细搜索好点子并据为己有，这被称为“合理的剽窃”。韦尔奇说：“借鉴的就是最好的。”

有些人可能会奇怪，为什么作为美国最强大的企业之一的通用电气仍然需要寻找好的点子？通用公司应该引导其他企业，让其他企业借鉴才对啊。“绝对不是这样的，”韦尔奇说，“每个组织都要学习，通用电气也不例外。”

在激烈的市场竞争中，创新的重要性已经不言而喻了，没有创新将很难生存。对企业而言，创新已经不可替代地成为竞争战略的核心。企业只有基于创新制定战略，才能获得持续竞争优势。

众多知名企业都是以其卓越的创新力而名扬世界的，如全球最大的电脑软件提供商微软公司、全球最大的半导体芯片制造商英特尔公司等。微软公司作为全球最大的软件公司，一直是新技术变革的领导者。其成功的秘诀可概括为两条：人才与创新。而“人才”的含义中，没有创新能力几乎是天方夜谭。公司从总裁比尔·盖茨到普通员工，每一位都是勇于创新的人。英特尔公司成立于1968年，具有40多年产品创新和市场领导的历史。1971年，英特尔推出了全球第一个微处理器。这一举措不仅改变了公司的未来，而且对整个工业产生了深远的影响。微处理器所带来的计算机和互联网革命，改变了整个世界。

曾经有一位社会学家一针见血地指出：“一个人缺少了创新意识，他的生活永远得不到改变；一个组织缺少了创新意识，这个组织永远得不到改变；一个社会缺少了创新意识，这个社会永远不会前进。”是的，没有创新意识，我们将一直重复着固有的、陈旧的工作和生活方式，这样的话，我们个人和整个社会都不会向前迈进，而处于激烈竞争中的企业只能走向衰亡。

拿破仑·希尔说："创新并不是某些行业的专利，也不是超常智慧的人才具有创新能力。只要愿意，谁都可以创新。"

如果你是一名员工，你是否愿意从现在开始，用创意的眼光来重新认识身边的一切，特别是那些棘手的令老板头疼的"瓶颈"问题呢？自古以来，创新都是社会发展的强大推动力，正是由于人类在各个方面、各个领域的不断创新，人类才得以从原始愚昧状态进入到今天的这个高度文明的社会，没有创新，就没人类社会的今天；没有创新，就没有人类社会的未来。在知识经济时代，创新更为可贵。在激烈竞争的今天，不创新，就死亡。创新是一个民族进步的灵魂，是国家兴旺发达的不竭动力。假若这个灵魂没有了，这个动力失去了，那么对于任何一个民族，任何一个国家来讲就只能亦步亦趋地跟在别人的后面。

主动参与创新

我们已经知道，创新从哲学上说是人的实践行为，是人类对于发现的再创造，是对于物质世界的矛盾再创造。人类通过对物质世界的再创造，制造新的矛盾关系，形成新的物质形态。

创意是创新的特定形态，意识的新发展是人对于自我的创新。发现与创新构成人类对于物质世界的解放，代表两个不同的创造性行为。只有对于发现的否定性再创造才是人类产生及发展的基本点。实践才是创新的根本所在。创新的无限性在于物质世界的无限性。

随着知识经济的到来，企业组织形式在不断地向扁平式的灵活方向发展，对发挥人的主观能动性，实现从线性思维转化到系统思维和创新思维提出了更高的要求。素质的提高在于不断地学习，创新的起点在于学习，环境的适应依赖学习，应变的能力来自于学习，对于一个团队来说，就是一个“终身学习的组织”。

戴尔非常重视提问，在戴尔看来，提问是了解员工想法、吸引员工创意的有效途径。戴尔经常会在全公司各部门询问同样的问题，比较其结果的异同。如果某一个部门在市场上出奇制胜地创下了佳绩，戴尔便会把他们的想法传播到全球的戴尔公司。戴尔说："当一家公司所有人都以同样的方式思考时，是非常危险的现象。"戴尔正是以其独特的提问方式来鼓励员工以创新的方式来思考问题，以不同的观点来处理问题，从而不断把创新注入公司的文化当中。

在英特尔公司里，每一位员工都有机会去贯彻自己的想法。英特尔是一个很平等的公司，在这里不会有很多层的经理，每一个员工都可以在自己的级别上做出新的决定，不用什么事情都去请示。诸如"你很有头脑，却在上司那里受挫"这样的情况在英特尔是不会发生的。也许有时员工不确定，拿计划去跟经理谈，然而，通常经理都会努力地鼓励员工去尝试，而不是随便泼冷水。正是在这样的文化氛围中，英特尔公司的员工才不会害怕失败，才能够积极主动地去进行创新。

英特尔公司非常注重挖掘员工的学习能力。英特尔的一线经理人经常以有形的鼓励来肯定员工的贡献，这种开放性的环境，让每一位员工都能快速学习别人的经验以迅速地解决自己的问题。在英特尔，有一个专门的"创新日"。在这一天，员工都提出自己的新想法，并给予冠军方案10万美元的奖金，同时也给提案人一年的时间全力投入，着手他的提案。

对于有创新能力又善于学习的员工，不论他是否已经为晋升做好了准备，英特尔往往会直接授予他更高的位置，让他接受更高的挑战。正如英特尔的一位高层领导人所说：“重点在于一个人学习的速度，而非他以往的经验。”善于学习、学习速度快的人，更具有创新的能力，而一旦授予他更高的职位，给予更大的挑战，他便会以更快的速度学习，具备更强的创新能力。

同样，西门子公司里的每一位员工也都同样具有普遍的创新意识，正是源于这样一种意识才引领西门子不断开发出新的产品和解决方案。这种意识的形成是以五项重要的个人素质为基础的，正是这些素质使西门子与众多公司不同。

美国明尼苏达矿业制造公司（3M）更是以其能为员工提供更好的创新环境而著称。3M公司认为，那些具有强烈创新意识与创新精神的知识型员工，实在可称得上是公司价值的最大资源，同时也是3M能够有所成就的主要工具。因此，3M有一个奇怪的15%时间定律，即允许每个技术人员可以用15%的工作时间来“干私活”，搞一些个人感兴趣的工作，这对公司来讲是绝对不会产生直接利益的。然而，事实证明，3M的许多新产品都是在15%时间定律下产生的。

微软中国研究院的访问研究员，加拿大UWO（西安大略大学）教授凌晓峰博士认为，世界知名的大公司都很重视员工的创造力，因为要使自己的技术、产品、服务领先，就要做到与众不同。对于研发人员来说，创新能力尤为重要。思路奇特，善于创新，从不满足现有成绩，产生新的创意并将其成功实现的能力，是好员工必须具有的。

凌博士曾讲，创新能力越来越被企业看重，一位成员能够想出一个别人想不到的主意，也许就一定能够成就出一番事业，像美国的硅谷，很多公司是从一个好点子、一个优秀的团队起家的，那里没人问你的学历，只要你有创新能力，有好的团队，风险投资就会落到你头上。

正如巴西吉西利华公司董事长阿普里莱所说："年轻人根本不可能会满足于众所周知的现成答案，应该善于向旧事物挑战并提出新建议。我已经注意到了某些求职者的这些特点。他们在求职前就已经向我们写信，对公司的事提出疑问，显露了他们的求知欲。"

时代在变，一切都在变，在如今这个充满竞争的社会中，无论是一个企业或是个人，只有不断地创新才能在竞争中立于不败之地，而学习就是为了不断地创新！

提升你的创新能力

创新能力是一个人能力当中的最集中、最宝贵的能力，其核心因素是人的创新思维能力。创新是一个国家不断发展、永不衰竭的动力，是提高国家综合竞争力的最重要因素，创新又是理论联系实际的必由之路。一个合格的党的干部，理应成为勇于创新、善于创新的先锋。因此，我们社会中的每个人都必须要培育出自己强烈的创新意识，在前人创造的优秀文明成果的基础上，不断开拓创新。只有这样，学习才能收到好的效果。

创新能力靠平时的培养，更靠工作上的锻炼。开发、培养、增强自己的创新能力，不妨从以下几个方面入手：

打下扎实的知识基础。科学的创新来不得半点虚假，除了凭真正的成果取胜外，没有任何捷径可走。所以，首先要打下扎实的知识基础，同时注意知识更新和优化知识结构。

不断学习和吸取新东西。创新能力来源于什么？创新能力来自不断地学习。一个现在有创新能力的人，如果不注重学习，也会落后，也会缺乏创意。

勤于思考、善于思考。创新能力源于创新思维，而创新思维源于深入思考。可以说没有思考就没有创新。牛顿从苹果落地创造性地得出了万有引力定律。有人问他这有什么“诀窍”？牛顿说：“我并没有什么方法，只是对于一件事情作长时间热情的思索罢了。”

克服因循守旧的观念。因循守旧意味着去维护传统的东西，不愿积极开拓，创新求变。在因循守旧状态下，人们会逐渐失去对创新的兴趣。因循守旧是创新能力的大敌。

打破思维定式和惯性。打破常规，突破传统思维的束缚，哪怕是一个小小的金点子，也会产生非凡的效果。美国著名管理大师杰弗里说：“创新是做大公司的唯一之路。”没有创新，企业管理者肯定会毫无作战能力，也根本不会有持续做大的可能。

善于观察，勇于实践。所有的成功创新者都不会是空想家，而是勇于实践者。最简单的例子便是美国莱特兄弟发明飞机时，他们勇敢地进行实践，在无数次失败后，终于成功了。

创新是企业发展的动力，只要每位员工拥有创新的观念，并身体力行，勇于培养自己的创新能力，形成创新的氛围，在创新中不断前进，那么我们企业的发展将会如虎添翼、势不可挡。

从“创新”的意义上来讲，是企业的生命力和可持续发展的源泉所在。要想有所创新就必须要先进行学习，创新就是从学习开始的。国内外成功的经验都不了解，市场和消费需求什么也不清楚，还会拿什么去创新？因此学习是第一位的，是创新的基础性工作。需要多出去走走看看想想，先上好“学”然后静下心来思考研究，写论文，这样才能有资格与条件去谈创新，否则创新只能是句口号或空话，根本就不会变成实际的行动。

谈到个人计算机，你一定会想到苹果；谈到创新，你一定不会忘记乔布斯。在苹果35年的创业历程中，我们看到一路走来，苹果从小到大，都是由他那简洁的商业模式所影响的，哪怕是苹果小到产品的样式色彩，无不牵动着全球人的眼球。而作为苹果的核心人物——乔布斯，更是被奉为创新之神，他在企业界人的眼里，既是一位破坏规矩的天才，也是一个对世道有独特见解的思想者。有人说他是用右脑颠覆左脑的第一人，有着超乎常人的不同理念。对于他来说，只要敢想，便没什么不可能，这就是我们要向乔布斯学习的一种创新思想。

事实如此，从乔布斯的人生历程来看，这正好印证了“只要敢想没有什么不可能”这个论断。

乔布斯刚出生的时候，由于受到家庭的影响，他的母亲不得不在他出生之后就把他寄养给一户普通的工人家里。虽然乔布斯的人生经历了这样的变化，但并没有影响到乔布斯似乎天生就具有常人不可多得的创新精神，在他3岁的时候，他就会搞恶作剧，把发卡放到电源插座孔里，因为他知道这样会散发出烧焦的气味。

对于乔布斯的这种行为，《如何造就中国的微软》一书的作者张其金曾这样阐述道：“虽然在平凡的家庭长大，但他非常的有创意，他可以从很多资源上进行改编，更为重要的是从乔布斯搞恶作剧的行为上，我们得到了这样一点启发：一个创意不但要相对新颖，还要在特定的条件或环境中去执行，是可行的，如果没有这个环境和条件，乔布斯即使想搞恶作剧也是没有可能的。”

1971年10月，年仅16岁的乔布斯在杂志上看到一个关于“蓝匣子”的新闻报道，这个“蓝匣子”是一种新的可以盗取电话线路的设备，拥有蓝匣子的人自然就可以免费拨打电话了。

这个消息使乔布斯很兴奋，他默默地在心里想：我也可以做成这个“蓝匣子”，而且我相信我能做的比原来的更好。于是，他叫上同是对电子产品感兴趣的沃兹一起设计。在设计“蓝匣子”的过程中，他们经过了很多次的失败，但每一次失败之后，他们都会融入更多的创新理念。最终他们完成了自己的作品。看着这个不用花钱就可以打到全世界的神奇“小匣子”，他们既兴奋又欣喜。在他们的发明上，还设立了自动启动的装置，不需要开关，一有人拨电话的时候，它就会自动启动。虽然这是个不可能被推广的物品，但却也是乔布斯第一个真正意义上的创新发明。

“蓝匣子”成功使用之后，他甚至还用它给罗马教皇打电话，当被告知罗马教皇正在睡觉时，他还装作很生气地挂了电话。对于青少年的乔布斯，似乎创新跟恶作剧总是脱不了干系。

你现在可以看到，新的并不等同于最初的，后者只能严格地应用于那种第一次出现的东西。由于我们的知识是有限的，很难对独创性做出明确的判断，所以，只要你敢于去挑战自己，敢于把自己投入到社会中去实践，你就会有新的思想所产生，你就会爆发出影响你自己的创新点。

1972年，乔布斯的人生又发生了一个巨大的转变，他从里德大学退学了。对于他的这种行为，他的父母对他非常的失望。里德大学是一所位于俄勒冈州波特兰市的小型文理学院。在20世纪70年代，它以班级小、学生聪明和包容不同生活方式，不同个性发展的校园氛围而闻名。如果你觉得自己与所处环境格格不入，那么肯定适合到里德大学来就读。对于乔布斯来说，这无疑是一个正确的选择，因为只有在这样的环境里，才能让乔布斯真正感受到：在一个新的社会里，我们一定要意识到，商业社会和每个独立个体都必须坚守创造力和革新这两大支柱。否则，在这个世界最需要创新的历史时代，我们的脚步将被拖住，无法前行。

事实上，乔布斯的父母对他是抱有很高的期望的，他的养父母保罗和克拉拉已经做好准备倾尽所有来支付私立大学的高昂学费。这是他们当年对乔布斯的生母所做的承诺。尽管保罗和克拉拉都不是大学毕业生，甚至保罗连高中都没有毕业，但他们还是向乔布斯的生母承诺，一定要让乔布斯读大学，正是因为这样的承诺，虽然乔布斯的妈妈那时是一个在读大学生——17岁的未婚妈妈，但为了承担起父母的责任，最后才肯在领养证明上签字。“过了6个月后，我发现这太没有意义了。”乔布斯说，“我不知道自己的人生将走向何处，也没觉得上大学可以帮我搞清楚。我却在浪费着父母一辈子辛苦攒下的积蓄。所以我决定退学了，我相信一切都会好的。”

就在这样的背景下，经过乔布斯的刻苦努力和不断创新，他用不到10年的时间就使自己的身价达到了1亿美元。

1984年，他和商业伙伴沃庇尼亚克第一次被里根总统授予了国家科技勋章。接下来，乔布斯变成了亿万富翁、迪士尼公司最大的股东和《财富》杂志评选的“10年最佳首席执行官”，最终成为影响力覆盖计算机、电信、音乐和娱乐产业的全球性标志人物，一个商业传奇。

2001年，乔布斯已经45岁了，但是，在事业的长河中，他依然坚持敢想敢干的个性，带领苹果公司迈入了被业界公认的“苹果10年”。

2001年，苹果音乐播放器（iPod）横空出世，乔布斯把苹果公司带到了音乐的世界；2007年，乔布斯推出苹果触摸屏智能手机（iPhone），颇具前瞻性地把苹果带到了手机行业；2010年，乔布斯又推出了苹果个人电脑（iPad）和第四代苹果智能手机（iPhone4）。

一个短短10年的时间，在乔布斯“永不满足，不断创新”理念的引导下，苹果公司从濒临破产成了一个庞大的企业帝国。

其实，不只是苹果，不只是乔布斯，对于我们每一个平凡的人，和我们为之奋斗的事业，都需要这种敢想敢干的创新精神，一个在事业上做出成绩的人，身上必然闪耀着创新思想的火花。乔布斯说：只要敢想，便没什么不可能！

当然，对于一个企业来说，做品牌也是同样的道理。搞品牌也很难，难就难在如何了解市场需求变化、顾客消费态度和习惯以及如何去培育和引导。当今市场在总体上是供大于求，国内经济发展很快，各种经济和经营模式都存在，市场秩序不是太好。面对这样一种环境，不对市场进行客观的调查、学习、掌握市场和消费变动的规律，肯定是做不好品牌的，效果差不说，同时这也浪费了很多时间，白白地付出了机会成本。

从某种意义上来讲，创新是以学习为基础的。当今世界正发生着前所未有的深刻变化。面对深刻变化着的世界和深刻变化着的中国，面对由此而带来的许多需要从理论上和实践上做出回答和解决的新问题，实践没有止境，理论创新也没有止境。只有解放思想、实事求是、与时俱进，不断推进实践基础上的理论创新，深刻认识和把握当代世界和中国经济社会的发展趋势及其规律，才能更好地把握时代脉搏；也只有通过实践基础上的不断创新，用发展者的眼光去指导新的实践，才能跟得上时代潮流，与时代发展走到同一个步伐上。要适应快速变化的社会，就必须要不断地去学习新的理论、新的知识、新的经验。要不断地总结新的经验教训，不断地吸取国内外一切优秀文化成果。

另一方面，创新也是学习的目的。不是为了学习而学习，而是为了创新才学习。从小的方面说，学习是为了知识创新、技术创新、管理创新；从大的方面说，学习是为了寻找发展的新思路，找到解决问题的新方法，拿出改革的新举措。形成全民学习、终身学习的学习型社会，也是为了推动个人创新、社会创新乃至整个国家的创新。

创新能使你更好前行

美国著名管理大师杰弗里说："创新是做大公司的唯一之路"。没有创新，公司管理者肯定会毫无作战能力，也根本不会有继续做大的可能。同样道理，创新是一个员工纵横职场之本。创新即突破常规，创造机遇，找到新招。

乔布斯相信最简单的设计。"苹果电脑的鼠标只有一个键，iPhone也只有一个键。当他的团队多次告诉他一个键做电话不可能，他说：'我的电话只要一个键，figure it out！'今天iPhone的单键设计就是这么来的。"这是创新工场董事长兼CEO李开复在腾讯微博中透露的一个事件，他同时也让我们看到，在变幻莫测、充满竞争的市场经济中，企业家的思维定式带来的经营后果，有时却是异常惨重的。

美国著名企业家亨利·福特在1913年受屠宰流水作业的启发，设计了汽车装配流水线，能过标准化零部件和高架供应线，大批量生产统一规格的黑色"T"型车。这一在福特脑中酝酿了整整10年的创新思维，诞生了管理史上著名的“福特制”。它开创了一个新的工业生产技术时代，也使福特成为一度占有68%世界汽车市场的“汽车大王”。但是，福特在陶醉于他创新思维所取得的巨大成就的同时，也在大脑中埋下了“思维定式”的种子，居然公开宣称，福特公司从此以后只生产黑色的T型车。

当美国汽车市场渐趋饱和，早期购车人需要更新车辆，对汽车的档次、性能、外观有了更高要求时，福特的“思维定式”使他大吃苦头。美国另一著名企业家、通用汽车公司总裁斯隆看到福特产品单一、款式陈旧这一致命弱点，便设计制造出不同价格档次的汽车，并且首创了“分期付款、旧车折旧、年年换代、密封车身”的汽车生产四原则，一举击败福特，登上了世界第一汽车制造企业的宝座。斯隆的思维创新击败了福特由思维创新退化而来的思维定式。

思维创新是一种打破了常规的、具有创见意义的思维：思维创新的本质旨在适应市场、开拓市场和引导市场的应变性思维。美国著名管理学家彼得·德鲁克说过：“市场经济是一种开拓进取型的经济，因而创新是一种最宝贵的企业家精神。”

日本的东芝电气公司1952年前后曾一度积压了大量的电扇卖不出去，7万名职工为了打开销路，费尽心机地想办法，依然进展不大。

有一天，一个小职员向当时的董事长石板提出了改变电扇颜色的建议。在当时，全世界的电扇都是黑色的，东芝公司生产的电扇自然也不例外。这个小职员建议把黑色改成为浅色。这一建议立即引起了石板董事长的重视。

经过研究，公司采纳了这个建议。第二年夏天，东芝公司推出了一批浅蓝色电扇，大受顾客欢迎，市场上甚至还掀起了一阵抢购热潮，几十万台电扇在几个月之内一销而空。从此以后，在日本以及在全世界，电扇就不再都是一副统一的黑色面孔了。

此实例具有很强的启发性。只是改变了一下颜色，就能让大量积压滞销的电扇，在几个月之内迅速成为畅销品，谁曾想这一改变颜色的设想，效益竟如此巨大，而提出它，既不需要有渊博的科技知识，也不需要有丰富的商业经验，为什么东芝公司的其他几万名职工就没人想到、没人提出来？为什么日本以及其他国家有成千上万的电气公司，以前也都没人想到、没人提出来？这显然是因为行业惯例使然。

电扇自问世以来就以黑色示人，各厂家彼此仿效，代代相袭，渐渐地形成一种传统，似乎电扇只能是黑色的，不是黑色的就不称其为电扇。这样的惯例与常规，反映在人们头脑中，便形成一种心理定式。时间越长，这种定式对人们的创新思维束缚力就越强，要摆脱它的束缚也就越困难，越需要做出更大的努力。东芝公司这位小职员所提出的建议，从思考方法的角度来看，其可贵之处就在于，它突破了“电扇只能漆成黑色”这一思维定式的束缚。

突破思维定式，进行创新思考，也将是你成功的法宝。要想成为一名更加出色的员工，除了具备创新意识，还应该做到以下5个方面：

第一个方面：进行自我能力评估。自己评估自己不客观，你可找朋友和较熟的同事替你分析，如果别人的评估比你还低，那么你要虚心接受。

第二个方面：检讨能力无法施展的客观原因。是大环境的限制？还是人为的阻碍？如果是机会问题，那只好继续等待；如果是大环境的缘故，那只好去辞职；如果是人为因素，那么可诚恳沟通，并想想是否有得罪人之处，如果是，就要想办法疏通。

第三个方面：不妨展示其他专长。有时"怀才不遇"是因为专长错了，如果你有第二专长，那么可以要求上司给你机会试试看，说不定就此打开一条生路。

第四个方面：开拓人际关系的新局面。不要成为别人躲避的对象，应该以你的才干协助其他的同事。但要记住，帮助别人切不可居功，否则会吓跑了你的同事。此外，谦虚客气，广结善缘，这将为你带来意想不到的助力。

第五个方面：继续强化自我能力。当时机成熟时，你的才干就会为你带来耀眼的光芒。

所以，最好摒弃"怀才不遇"的感觉，因为这会成为你心理上的负担。勤奋地做你该做的事，就算是大材小用，也把它当成人生一件乐事。也请相信你的老板，他们是不会让有用的人轻闲度日的。

乔布斯1997年回到苹果，从推出iPod算起。苹果就一条产品线，乔布斯做产品经理，这实际上是慢的。乔布斯吃了无数亏，之前做了很多失败的尝试，所以不能鼓吹快速成功、快速成长。

这和养鸡是一个道理，三个月就长成的肉鸡肯定不好吃。正因为这样，乔布斯才说："如果你正处于一个上升的朝阳行业，那么尝试去寻找更有效的解决方案：更招消费者喜爱、更简洁的商业模式。如果你处于一个日渐萎缩的行业，那么赶紧在自己变得跟不上时代之前抽身而出，去换个工作或者转换行业。不要拖延，立刻开始创新。"

只要善于思考就能创新

在苹果公司，能接近乔布斯的人都能看到他有一个习惯性的动作，那就是乔布斯常常盯着自己的手沉思，因为乔布斯认为人的手是上帝最完美的创造。乔布斯说："手是你身上最常使用的部位，而且手能够直接听命于你的大脑。"很多苹果的产品，从Mac的一键鼠标，iPhone的多触点和单手输入，iPad的单手双手输入，都是深度研究理解如何让手方便使用后策划的。

而实际情况却不是这样，是因为乔布斯在盯着他的手在思考，只要有了新的创意，他就会通过大脑指挥手来完成创意。

我们知道，对于一个人来讲，大脑的两个半球具有不同但又有重叠的功能。大脑的右半球和左半球专司不同的思考过程。

一般来说，95%的右撇子，他们大脑的左半球不但交叉控制身体的右半部，而且负责分析、线条、语言和理性思维（对大多数左撇子来说，他们的脑半球的功能正好相反）。当你使用计算机、回忆名字和日期或是解决逻辑难题时，你要依靠左脑。

大脑的右半球控制着身体的左半部，而且是想象力、非语言能力和艺术力的源泉。无论何时你想起某个地方，或是全神贯注于一幅图画，一座雕塑，抑或渲染在一种想象或一个白日梦中，你都是在运用自己的右脑。在我们上学时，右脑的活动通常没有逻辑分析能力的培养那么受重视。

正是人的大脑具有这种功能，通常就会出现这样一种情况：当人们麻木地陷入日常生活的泥沼中，往往会不由自主地停止对自我的思考，并形成一种不问问题的态度和思维方式，从而使得原来什么样子现在还是什么样子。创意的成功，总是孕育着创意者的强烈创新意识，要想摆脱传统观念和习惯思维的局限，那么就要鼓励自我打破思维禁锢，质问常规的路线，挑战假设的局面，激活创新的意识，用变化的观点不断观察那些正在发生的事情。

松下幸之助曾经说过："今日的世界，并不是武力统治而是创新支配。"只要勇于打破常规，再加上自己独特的创新意识，那便是一把魔杖，便是一把金融魔杖，便是一把成功的魔杖。如美国仅次于总统的人物——格林斯潘，拿着自己的金融魔杖，掌握着全球金融风暴。纵观格林斯潘自传，他也只不过打破了世俗，靠自己独特创造力登上了"金融沙皇"的宝座。还有著名的洛克菲勒家族，曾利用自己的魔杖建立了"托拉斯帝国"。洛克菲勒打破过去的垄断方式，使自己的实力范围扩展到了全美。令人羡慕的是他们的点子魔杖从何而得？是不是只有名人才有创造力呢？不！他们未出名时，也是平凡的人，只不过他们会用自己的方式创造了成功。

正是乔布斯用自己的方式创造了成功，才导致他的行事方式并不被大多数人所理解，从而导致很多的媒体对他做出这样的评价：“他怀疑过这个世界，但他也是全球最了解电子产品消费者心理的代言人；他看起来简单粗暴，曾因为一个偶遇在公司电梯的员工不能用一句话讲清楚‘他是干什么的’而解雇了他；但他又出乎意料的深刻，创业初期他也不采用人力资源管理式的心理测试招录人才。他有两个著名问题：‘你吸了多少次迷幻剂’，‘你是什么时候失去童贞的’，他不在乎答案，但执着于把那些不认真思考这些问题的无用之人排除在外。他的个性在硅谷富有争议，但没人否认他的伟大；他拥有着巨大财富，他也是硅谷少数多年连续拿1美金年薪的高管之一；他获得了大多数人不能拥有的成功，但他的好朋友评价，他的内心其实比大部分人都怀有更深切的不安全感。”

这就是乔布斯不同于常人的思维，才出现了这样的情况。当然，在这里我们关心的不是人们对乔布斯这个人如何，关心的是从他的身上能够学到什么样的思维方式。

2000年1月，是乔布斯的一个重要日子。这一天，也是在旧金山这样一个苹果公司展示会上，45岁的乔布斯一如既往地展示他的自我，不过几乎所有人都感觉到了乔布斯内心世界的巨大变化，这是一种更加人性化的变化。

为什么人们会感觉到他有这种变化呢？就是因为乔布斯的思维方式发生变化。这正如IT界的知名人士张其金所说：“不要以为只有出类拔萃的人才有创新的意识、才能把握成功，其实普通人也一样能通过创造来获得成功和财富。每个人都有自己的创新意识，有的时候只是处于隐蔽状态，未曾引爆而已。因而普通人只要敢于突破常规、敢想敢干，一样能够突破自我。这就像乔布斯一样，如果说，在他被自己开创的公司赶出去前的那段成功，他曾吸引过众多人对他的崇拜，那么在长达15年的孤寂之后，在此刻开始到之后的11年，这种崇拜不仅跟随着对苹果产品的崇拜蔓延到了硅谷之外更多的地方，而且也因此使得乔布斯性格中冷酷无情一面消失，他变得更加文雅甚至是谦卑，而赢得了硅谷人更深层面的崇敬，它摒除了崇拜中盲目的那一部分。”

其实，从乔布斯的成功来看，我们不得不这样说，将问题简单化，是智慧的体现。“多”不一定好，“合适”才好。然而，人简单不了，往往是受限于追求繁杂的思维定式。

假如你是某著名大学的高才生，非常幸运地被某个著名科学家聘请为实验助手。一天，科学家正在进行某项实验，因为实在忙不过来，便请你帮忙做一件事——他拿出一个梨形玻璃泡，对你说：“请把它的容积计算一下，我需要这个数据。”

事情看上去很简单，但由于灯泡不是规范的方形、圆形，而是梨形，计算起来，就不那么容易了。

接过灯泡后，你是否会调动大学里学过的有关知识，又是拿标尺测量、又是在纸上不断计算呢？如果这样做，你可能是一个会应用知识的学生，但非常遗憾，你未必是一个办事有效率的人。

上述情景，曾经发生在“世界发明大王”爱迪生的实验室里。爱迪生有位叫阿普顿的助手，出身名门，是大学的高才生。在那个门第观念很重的年代，阿普顿对小时候以卖报为生、自学成才的爱迪生很有些不以为然。

一天，爱迪生安排他做这样一个计算形灯泡容积的工作，他一会儿拿标尺测量、一会儿计算，几小时过去了，他忙得满头大汗，但就是算不出来。

这时，爱迪生进来了，他看看面前堆了一沓稿纸的阿普顿，明白了是怎么回事。于是拿起玻璃泡，倒满水，递给阿普顿说：“你去把玻璃泡里的水倒入量杯，就会得出我们所需要的答案。”

阿普顿这才恍然大悟：“哎呀，原来这样简单！”从此，他对爱迪生产生了深深的敬意。这个故事，给我们有什么样的启示呢？

1. 凡事探究“有没有更简单的方法”

在许多人的印象中，思维方法仿佛是与复杂结缘的：他们不仅把问题看得复杂，更把解决问题的方式变得复杂，甚至钻到“牛角尖”里无法出来。学会把问题简单化，是顶级智慧的体现。

在中华文化中，特别重视简易的智慧。《易经》被尊为“百经”之首，其“易”的含义通常有三个：一是变易，二是不易，三是简易。《易》的卦，每一个都由“一”与“——”组成，简单至极，却又变化无穷。

有时候，简单的方式才能最好地解决问题。我们来看一个很有名的例子：新中国成立初期，某大学的一个研究室里，研究人员迫切需要弄清一台机器的内部结构。这台机器里有一个由100根弯管组成的密封部分。要弄清内部结构，就必须弄清其中每一根弯管各自的入口与出口，但是当时没有任何有关的图纸资料可以查阅。显然这是一件非常困难和麻烦的事。大家想尽了办法，甚至动用某些仪器探测机器的结构，但效果都不理想。后来一位学校工作的老花工，提出一个简单的方法，很快就将问题解决了。

花工所用的工具，只是两支粉笔和几支香烟。他的具体做法是：点燃香烟，大大地吸上一口，然后对着一根管子往里喷。喷的时候，在这根管子的入口处写上“1”。这时，让另一个人站在管子的另一头，见烟从哪一根管子冒出来，便立即也写上“1”。其他的管子也都照此办理。

于是，100根弯管，不到两个小时便把它们的入口和出口全都弄清了。

为何众多的学者没办法解决的问题，却被一个没什么文化的花工轻而易举地解决了？

并不是这位花工的智力高于那一帮学者，而是学者受到思维定式的束缚，花工只求更简单地解决问题！

2. “多”不一定好，“合适”才好

我们往往认为：做得越多就越有收获，想得越多就越深刻，写得越多就越有才华。真的是这样的吗？美国独立前，推举富兰克林和杰弗逊起草独立宣言的文件，由杰弗逊执笔。杰弗逊文才过人，最不喜欢别人对自己的东西评头论足。他将文件交给委员会审查时，在会议室中等了好久都没回音，于是非常急躁。

这时富兰克林给他讲了个故事：一个决定开帽子店的青年设计了一块招牌，写着“约翰帽店，制作和现金出售各种礼帽”，然后请朋友提意见。

第一个朋友说，“帽店”与“出售各种礼帽”意思重复，可以删去；第二位和第三位说，“制作”和“现金”可以省去；第四位则建议将约翰之外的字都划掉。

青年听取了朋友的意见，只留下约翰两个字，并在字下画了顶新颖的礼帽。店子开张后，大家都夸招牌新颖。

听了这个故事，杰弗逊很快就平静下来了。后来公布的独立宣言，的确是字字珠玑，成为震动世界的传世之作。

为何越简单反倒越好呢？

第一，是“合算”的需要，假如能以最简单的方式解决问题，为什么要繁杂？

第二，问题以更精炼的方式总结和处理，更能抓住要点！

3. Omit法：吹削与本质无关的信息

有时问题难以解决，不是由于信息缺少，而是信息、枝蔓太多。这样往往会导致三种情况：①次要信息淹没主要信息，导致主次不分；②在枝节上、局部上耽误太多时间；③误入歧途，甚至走到反面。

Omit即省略法，与Exclude法（排除，拒绝）、Remove法

（自原来位置取去拿开、排除）类似。此法在哲学史上有一著名典故——奥克姆剃刀，哲学家奥克姆对中世纪的经院哲学十分不满，认为其一直限于繁琐的概念演绎，丢弃问题的根本。故提出要用“剃刀”将不必要的东西大大除掉。

4. 做一个“根本概括者”

根本概括者，即要善抓根本，并用最简略的形式对问题进行表述。

爱因斯坦一直把追求形式的简单性，作为科学研究最重要的条件之一。他说：“科学家必须在庞杂的经验事实中，抓住某些可以用精密公式表示的普遍特性，由此探索自然界的普遍真理。”这一形式可能是一个概念，也可能是一个公式，也可能是图表和符号。天才人物总是善于借助这些简洁但充满生命力的表述方式，将问题很好地表现出来。

爱因斯坦有一个最著名的能量、质量公式：E=MC，简单得不能再简单。但就是根据这个简单公式，人类开发出了核能。当然也包括制造出原子弹。

5. 反问立论前提

有时候问题之所以繁杂，往往是由于立论前提有问题。有时或者在根本无法成立的前提下提出结论或办法，或者自设前提，作茧自缚。

亚历山大大王在攻击哥丹城时，发现城大门口有一个用绳子绑得严严实实的大结——“哥丹结”。

亚历山大对此百般思索，终于有一天大悟：问题在于解开结，至于对解的方法，并无限制。于是他一刀朝大结砍去，结解开了，他成了亚细亚王。

以前之所以没人敢尝试，在于他们自设前提：解结就是“拆绳”。

明代冯梦龙所著《智囊》，是一部研究智慧的经典。书中将“通简”放在第一部的“上等的智慧”之中。“通简”卷的序言是这样写的：“世本无事，庸人自扰。唯通则简，冰消日皎。”

翻译成现代文，大意是：世上许多事情，其实都是庸人们自己制造出来的。只要通情达理，以一种不把事情搞复杂的方式去处理，问题就会像太阳一出冰雪融化一样解决了。

第四章

开启信念的力量

给自己一颗必胜的信念

西点军校有一条学生们挂在嘴边的信条：Can do and Winning Attitude——必胜的信念。

西点的教师们这样教育学员："在战场上除了胜利就是失败，没有平局可言。西点不希望走出去一个弱者。那么，用什么来证明呢？就是胜利，唯有胜利才能证明一切。"

在西点军校，无论是面对学习排名，或是体育赛事的名次，又或者是被赋予的挑战任务，学生都必须具有一种必胜的理念。他们的口号是：We can do it。没有什么不能搞定的。

为了提高竞争意识和水平，西点除了组织学员们之间的军事、体能竞赛外，主要通过体育竞技比赛来进行竞争训练。在泰勒就任西点军校校长时，美国总统竟特意授意他要把西点的橄榄球队搞上去，陆军部的长官们也非常关注西点的体育运动，目的很明确，就是通过体育竞技来提高学员的竞争意识和水平，如果西点球队输球了，校长、教练、队长都会作为重大事件来商量对策，直至取得胜利为止。比如：1961年，西点军校橄榄球队在一系列比赛中连连败阵，军校当局撤掉了文斯·隆巴迪的教练之职，同时委任受人欢迎的波尔·迪茨尔任新教练。校长威斯特·摩兰解释说："委任迪茨尔担任西点军校橄榄球队的教练，是为了国家利益，为了陆军的利益，为了西点军校的利益。经过我们大家的共同努力，总算找到了一位能'取胜'的理想教练。"

当西点军校参加校际比赛时，无论什么类型的比赛，全校上下都会一致对外，在气势上压倒对方。非常有趣的一件事情是，西点如果公布一项赛事情况，从来不会说"西点军校将于什么时间与什么队伍比赛什么项目"，而是会宣称"西点军校将于某月某日某时某地打败某校的某个队伍"。

西点的教育是成功的，"只争第一"的信念激发了西点人胜利的欲望，培养了西点人在任何困境中都充满勇气和信心，促使西点人敢于竞争，并通过实际的努力来获得最终的胜利。

正因为西点军校拥有这样的信念，使得他们成为各项赛事上的常胜将军，就连西点人看似不太擅长的辩论赛，他们都能多年保持全美前十名的成绩。

的确，西点人正是由于有着这种必胜的理念，所以，无论做什么都能保持饱满的激情，无论处于什么样的环境下都能用一种积极乐观的心态去面对。比如，西点军人日常工作的用语几乎都包含着胜利的寓意，他们称掩蔽壕为"战壕"，他们从不说"撤退"，而是说"攻击后方"。

不错，现实生活当中，只有心中有了必胜的信念，你才会积极乐观地面对每一个事情，才会充满信心地去面对每一件事情。

所以，如果生活当中你的态度不够乐观，不够积极，那么，不妨也学习一下西点军人的必胜理念，不断地告诉自己“没有什么不能搞定”，当你总是用这种思想激励自己的进修，你的心态也就能在不知不觉中变得开阔与乐观起来了。

当然，想要保持必胜的心态，我们还必须能够做到这样两点：

失败之后，再试一次；

无论做什么，都比别人多付出一点。

如果你能够这样要求自己，那么你也必将成为一名出色的成功者。

西点的军官常说：别人都已放弃，自己还在坚持，别人都已退却，自己依然向前。只要拥有信念，哪怕前途依然坎坷，依然看不见光明，哪怕自己总是孤独，只要坚持地奋斗，就能够找到自己的成功之路。

著名的音乐家亨德尔年幼的时候，家里人不准他学习音乐，连一个音符也不能学，乐器连碰都不能碰。但是这阻止不了这个爱音乐的孩子，他总是在半夜时，趁家人都熟睡后悄悄跑到阁楼去弹钢琴。

莫扎特小时候家里穷，每天都要做大量的苦工来维持生计，但是到了晚上，却总是偷偷溜进教堂聆听风琴演奏的乐曲。他全身心都融入音乐中，哪怕在最困难的时候，都没有放弃对音乐的执着追求，最终，莫扎特成为世界著名的音乐家。

当巴赫还是小孩子的时候，家里很穷，连点一支蜡烛也舍不得，他只能在月光下抄写学习的东西。当那些手抄的资料被没收以后，他也没有灰心丧气，反而更努力地学习音乐。

分析这些音乐家成功的原因，可以说，是对音乐的追求，对音乐的热爱，这种坚定的信念成就了他们。拥有坚韧和信心，坚定必胜的信念，勇敢地与困难拼搏，就一定能有所成就。

人是为什么而活？又是什么在支撑着人们努力奋斗？其实，这不过是两个字——信念。信念可以给弱者以勇气，给气馁者以希望，给那些强者以更强大的力量。正如毕业于西点的美国陆军上将约瑟夫·T. 麦克纳尼所说："有了信念，才不会有退缩、逃避、惰性和放弃。"

世界如此之大，但是为什么大部分的人平庸，而只有小部分的人成功了呢？促使这少部分人成功的原因有很多，但绝对少不了这样一个信念，因为信念是一切奇迹的萌发点，所有成功的人都是在坚定信念后开始行动的。

信念是成功与否的分水岭。一个没有信念支撑的人，往往就没有坚韧的品格，一旦遇到困难就轻易放弃，结果当然与成功无缘。所以我们可以说，没有成功的人最大的原因是信念不足。相反，一个有着信念支撑的人，往往具备着坚韧的品格，无论遇到何种困难和挫折，他们都会咬着牙走下去，结果成功不期而至。所以我们也可以说，坚定信念的人，是一个向成功迈进的人。

艾尔弗雷德·沃登曾这样说："一个有着坚定信念的人，

胜过一百个只有兴趣的人。”那么，你们有信念吗？信念是免费的，你们每一个人都应该在自己的心中树立某种信念，只要坚持这个信念，奇迹就会随时可能发生。

坚强的信念

坚强的信念是一个人成功的根本保证，大凡成功的人士，他们都拥有远大的理想和高远的志向。而且他们在自己人生的道路上绝对不会因为困难而退缩。

国内著名的培训机构新东方培养了数不胜数的优秀人才，无数学生从那里不仅提高了外语成绩，更懂得了成功来自于拼搏、信念加努力。新东方董事长俞敏洪提出的“从绝望中寻找希望，人生终将辉煌”也成为许多人的座右铭。

俞敏洪出生于江苏农村，经过三次高考终于奇迹般考上了北京大学。进大学以前没有读过真正的课外书，大三时因病休学一年，在北大最后一年，因为英国文学史考试不及格而差点毕不了业。

苦练普通话。刚进北大的时候，俞敏洪不会讲普通话，全班同学第一次开班会的时候互相介绍，他站起来自我介绍了一番，结果班长站起来跟他说：“俞敏洪你能不能不讲日语？”他后来用了整整一年时间，拿着收音机在北大的树林中模仿广播台的播音，苦练普通话。

大量阅读。俞敏洪进大学的第一天，看见一个同学躺在床上看《第三帝国的兴亡》，他好奇地问“在大学还要读这种书吗？”那个同学看了他一眼，没理他，继续读书。这一眼一直留在他心中。他知道进了北大不仅仅是来学专业的，要读大量大量的书，才能够有资格把自己叫作北大的学生。他在北大读的第一本书就是《第三帝国的兴亡》，而且读了三遍。后来俞敏洪去找这个同学，说和他聊聊《第三帝国的兴亡》，那个同学说早已经忘了。

俞敏洪说他的班长王强是一个书痴，每次王强买书他都跟着去，王强把学校每个月发的二十多块钱生活费一分为二，一半用来买书，一半用来买饭菜票，买书的钱绝不动用来买饭票。后来俞敏洪也把生活费一分为二，一半用来买书，一半用来买饭菜票。这样，在大学五年期间，俞敏洪差不多读了八百多本书。

从北大毕业后，俞敏洪留校当了老师。而且一干就是7年。在北大任教的那段时间，他身边的朋友和同学大多留学到美国或加拿大。虽然俞敏洪心里也有些落差，但却未流于表面。后来，俞敏洪因为自己考过了托福和GRE，就参与了一所民办的讲课辅导，因而被学校严厉批评、记过并在闭路电视上播放，成为校内的知名人物。由于在外面讲课拿到的工资比教书要多，俞敏洪决定离开北大。

在北京冬日的寒风中，俞敏洪是这样起家的：一间10平方米的破屋，一张破桌子，一把烂椅子，一堆用毛笔写的小广告，一个刷广告的胶水桶。北京寒风怒号的冬夜，俞敏洪骑着自行车在北京的大街小巷刷广告。手冻麻了，拿起二锅头喝两口暖暖身子。寒风中喝二锅头贴小广告，这时候的俞敏洪，显出了痞子的狠劲。

新东方人都有一种电线杆情结，因为新东方是靠老俞在电线杆上一张一张贴广告贴出来的。曾经因为市政建设，来人要拆新东方外面的两根电线杆，老俞急了，死活不让拆，最后花了7万元才保下那两根电线杆。

教师出身的俞敏洪渐渐显露出他的经商才能，只靠三招，就打下了自己的江山。一是价格战，当时基本收费都在300～400元，俞敏洪只要160元，而且还是在20次免费授课之后，不满意可以不交钱。二是推出核心产品，他赖以成名的“红宝书”——《GRE词汇精选》。三是情感营销，向学生讲人生哲理，进行成功学式的励志教育，再加上他幽默的授课方式，深深地吸引了学生。

俞敏洪认为自己的成功与做过老师有关：“老师做企业家是比较容易成功的。因为我们理解人性，知道如何满足学生的要求。”确实，他对学生心理的理解是深刻的，并且充分利用了学生对老师的信任、崇拜心理，而获得别人的信任。

枪打出头鸟。很快，江湖的险恶就让俞敏洪有了深刻体会。俞敏洪的名声响了，招的学生越来越多，但也断了别人的财路。中国的培训市场一直是一个充满杀伐的江湖，地盘的争夺战蔓延到了贴广告的电线杆，先是俞敏洪的广告被对手覆盖，后来当场就给撕了，并把老俞的员工给一刀捅到了医院，对手情急之下使出了狠招。俞敏洪只能求助于公安，为了和公安兄弟拉上关系，俞敏洪豁了出去，一气喝下一斤多五粮液，直接被抬进了医院。

创业路上几多艰辛。此时的俞敏洪，完全没有了北大的书生气。除了他那瘦瘦的身材和厚厚的眼镜，一个企业家的身影渐次清晰。

一个人创业是孤单的。俞敏洪想起了海外的“兄弟”徐小平、王强和包凡一。于是，他不远万里，前去邀请他们回来一起办新东方。他们来新东方，怀着理想主义的激情和对自由的憧憬。靠着这种梁山聚义的草寇方式，借着当时英语学习热和出国热，新东方开始如野草般疯狂生长。

1993年到1995年，被俞敏洪称为“个体户”奋斗阶段，“刚开始我一个人当老师，后来周围有几位老师加入，再后来我让老婆把工作辞了，负责报名工作。”

“新东方的第一批团队成员实际上是一批下岗工人，十来个四五十岁的妇女，她们帮新东方管理教室、打扫卫生、印刷资料、处理各种社会关系、帮助服务学生等。第二批重要团队是新东方最初的十几个老师，包括钱坤强、夏红卫、杨继、宋昊、钱永强等人物。”

“那真是个激情燃烧的岁月，每天大家走进教室拼命上课，走出教室大碗喝酒，到一期班结束后大家就一起分享胜利果实，根据每人的贡献论功行赏。当时发工资还没有银行卡，需要到银行领出大把的现金发放，而且都是十元钱的面值，所以老师们常常用一个大书包把钱开心地背回去……”

到1994年，俞敏洪已挣够了学费，可以出国留学了：“1994年，我收到了国外的录取通知书和奖学金，但权衡之下还是决定继续办新东方。”因为这时他已发现，新东方的学生，1994年比1993年增加了好几百倍，还有继续增加的趋势。“到1995年底，新东方学生已有1.5万人了。教学方面在蓬勃发展，而我深感一个人实在力量太有限，太苦、太累、太孤单、太悲伤。我面临选择，要么把新东方关掉，要么把新东方干大，最后我们选择把新东方干大。我跑了一趟美国。”

在美国和加拿大，俞敏洪说服王强、徐小平等人回国，这次出国，他又使用了一点“小手段”：“到了1995年底，我让他们一起回来干，我给他们典型的刺激是什么？当时中国没有信用卡，我在国内换了整整1万美元的现金，全是100元的大钞，吃饭的时候，我就只能掏现金请他们吃饭，这个给了他们很大的刺激……他们觉得俞敏洪都能做这样的事，那他们回去至少能做得跟我一样好。”

一批名师成就了新东方在留学英语培训市场的地位：徐小平的出国留学咨询，王强的“美式思维口语教学法”，包凡一、何庆权从加拿大带回超凡的英语写作……

在经历过股权改造、ETS风波、“非典”等事件的考验后，新东方已由一个英语培训学校成了一个具有现代化管理结构的上市公司，办公地点也从小平房发展为一座现代化办公楼并在多个城市设有学校和培训中心，而俞敏洪也由一个只会英语教学的老师成了一位极富传奇的老总。

信念，是一种内心的力量，它牵引着你不停地往某一个方向前进，支撑着你把0.1%的希望变成100%的现实。爱默生曾说过：“只有当人和他的意志相互沟通，融为一体时，这个世界才有驱动力。”作为一种自我引导的精神力量，意志力是引导我们成功的伟大力量。如果你拥有强大的意志力，那么你全身的能量都可以在它的召唤下聚合，从而实现你的愿望。

只要不认输，你就有机会

每当有一批新的学员入校，西点军校总会不厌其烦地向他们强调：一个人不能没有信念，一个军人更不能没有信念。西点军校的教官们十分注意在平时的训练中对学员强化“一定能成功”“任务一定能完成”之类的信念。

西点军校为什么将信念看得如此重要，并不厌其烦地向学员强化信念呢？一方面西点军校相信信念的力量，在西点人看来，如果每一个学员都在心中树立了坚定的信念，并且从不放弃这个信念，就会做出许多优异的成绩来；另一方面西点相信，通过信念在学员心中的不断强化，学员会渐渐变得坚韧自信，产生一种无论如何也要完成任务，赢得胜利的信念。

如果在46岁的时候，你在一次很惨的机车意外事故中被烧得不成人形，14年后又在一次坠机事故后腰部以下全部瘫痪，你会怎么办？再来，你能想象自己变成百万富翁、受人爱戴的公共演说家、洋洋得意的新郎官及成功的企业家吗？你能想象自己去泛舟、玩跳伞、在政坛角逐一席之地吗？

米契尔全做到了，甚至有过之而无不及。在经历了两次可怕的意外事故后，他的脸因植皮而变成一块彩色板，手指没有了，双腿特别细小，无法行动，只能瘫在轮椅上。

那次机车意外事故，把他身上65%以上的皮肤都烧坏了，为此他动了16次手术。手术后，他无法拿起叉子，无法拨电话，也无法一个人上厕所，但以前曾是海军陆战队成员的米契尔从不认为他被打败了。他说："我完全可以掌握我的人生之船，那是我的浮沉，我可以选择把目前的状况看成是倒退或是一个起点。6个月后，他又能开飞机了！"

米契尔为自己在科罗拉多州买了一幢房子，另外还买了房地产、一架飞机及一家酒吧，后来他和两个朋友合资开了一家公司，专门生产以木材为燃料的炉子，这家公司变成佛蒙特州第二大的私人公司。

机车意外发生后四年，米契尔所开的飞机在起飞时又摔回跑道，把他的12条脊椎骨全压得粉碎，腰部以下永远瘫痪！"我不解的是为何这些事老是发生在我身上，我到底是造了什么孽，要遭到这样的报应？"

米契尔仍不屈不挠，日夜努力使自己能达到最高限度的独立。他被选为科罗拉多州孤峰顶镇的镇长，以保护小镇的美景及环境，使之不因矿产的开采而遭受破坏。米契尔后来也曾竞选国会议员，他用一句"不只是另一张小白脸"的口号，将自己难看的脸转化成一项有利的资产。

尽管面貌骇人，行动不便，米契尔却开始泛舟，他坠入爱河且结了婚，也拿到了公共行政硕士学位，并持续他的飞行活动、环保运动及公共演说。

米契尔说："我瘫痪之前可以做10000种事，现在我只能做9000种，我可以把注意力放在我无法再做的1000件事上，或是把目光放在我还能做的9000件事上，告诉大家我的人生曾遭受过两次重大的挫折，如果我能选择不把挫折拿来当成放弃努力的借口，那么，或许你们可以从一个新的角度，来看待一些一直让你们裹足不前的经历。你可以退一步，想开一点，然后你就有机会说：'或许那也没什么大不了的！'"

记住，"重要的是你如何看待发生在你身上的事，而不是到底发生了什么事。"

西点校友莱利斯·格罗夫斯准将说："没有人会一帆风顺，任何人都会遭逢厄运。积极地、顽强地坚持能够让你解决任何难题。"

看到这里，也许有人会生疑，信念的力量真的有这么大吗？随便举一个例子就足以说明这一切。

《苦儿流浪记》一书中有这样一段情节：

主人公与几名矿工在工作时遇难了，大家被困在一个狭小的空间里，脚下是无尽的水流，他们所有的，不过就是几盏灯。在这极度恶劣的情况下，他们看起来不是被淹死就是被窒息而死，再不然就是被饿死，总而言之似乎是必死无疑。营救虽然在努力进行着，但是人们都没多大把握成功。而矿井下的情况确实不容乐观，因为好些人都抱着必死的心。他们中有一个人带了表，最后有人提议熄了灯，每隔一段时间让那名矿工报一次时间，大家都休息，节省体力。时间在一分一秒地过去，人们的心也慢慢地被揪紧，但等到营救队到达时，他们竟然奇迹般地存活下来，只有一个人死了，就是那个报时间的矿工。

原来，开始他的确是准时报时间的，但是，当他发现了同伴们的异常后，他便开始了“虚报”，半小时他说15分钟，一小时他说半小时，两个小时他说一个小时……结果其他人都在信念的支撑下活了下来，而那个善良的矿工却被自己的善良给逼死了。

信念的力量是伟大的，它支持着人们生活，催促着人们奋斗，推动着人们进步，正是它，创造了世界上一个又一个的奇迹。一个人，无论遭受多少艰辛，无论经历多少苦难，只要心中怀着一粒坚定的种子，那么总有一天终究会走出困境，让生命重新开花结果。

在西点军校的课堂上，常常会有这样的阐述：在生活中的不幸面前，有没有坚强刚毅的性格，在某种意义上说，是区别伟人与庸人的标志之一。苦难对于一个天才是一块垫脚石，对于能干的人是一笔财富，而对于庸人却是一个万丈深渊。有的人在厄运和不幸面前，不屈服，不后退，不动摇，顽强地同命运抗争，因而在重重困难中冲开一条通向胜利的路，成了征服困难的英雄，掌握自己命运的主人。而有的人在生活的挫折和打击面前，垂头丧气，自暴自弃，丧失了继续前进的勇气和信心，于是成了庸人和懦夫。

同样，西点学子也非常欣赏古罗马哲学家塞尼卡的一句名言："真正的伟人，是像神一样无所畏惧的凡人。"谁能以乐观不屈的精神对待生活中的不幸，谁就能最终克服不幸。在不幸事件面前愈是坚强，愈能减轻不幸事件的打击。

而在成长的过程当中，你也难免会有遭逢苦难或挫折的时候，面对困难与挫折，如果你总是用消极悲观的思想来暗示自己，那么你就注定会与失败为伍了。

在人生的旅途上，遭逢失败在所难免，然而，只要你拥有一种积极乐观的心态，只要你拥有一种不服输的劲头，你就永远不会被打倒，你就永远可以自信地重新站起来，去迎接新的挑战。

勇敢是优秀员工必备的品质

在优秀员工看来，具有勇敢品质的员工在集体利益与个人利益相冲突时，能维护集体利益，表现出无私精神；在正义与邪恶相斗争时，能挺身而出，维护正义，表现出大无畏的气概；在他人遇到困难时，能见义勇为，乐于助人，表现出崇高的道德感情。他们的勇敢不同于鲁莽、粗暴、出风头，往往表现出机智、灵活、沉着、冷静，行为动作具有明确的目的性，并且雷厉风行，说干就干。

西点军校的许多学员都曾表示，在学习过程中的最大收获就是摆脱了懦弱获得了自信，自己变得比以前更勇敢了。

在西点，教官会经常为一些新学员的懦弱、墨守成规、甚至自暴自弃而焦急苦恼。不思进取、成绩落后、缺乏创新、优柔寡断等特征是这些学员的表现。这与迅猛发展、竞争日益激烈的时代特征是不相吻合的。这些西点学员都缺乏“勇敢”这一良好个性品质，是其根本原因所在。在西点教官看来，缺乏勇敢品质的学员，在交往上，服从性强，孤僻拘谨，沉默寡言，往往屈从于别人的意志；活动上，不敢出头露面，积极参与，情绪低落，往往缩手缩脚；学习上，不敢奋力进取，力争上游，往往消极应付，容易满足。时间一久，这些表现在各种情境下不断出现，并逐渐地得以固化，使相应的行为方式习惯化，就形成了懦弱、缺乏勇气、思维封闭的性格特征。一旦这种性格形成，必将影响学员的健康成长。因此，西点军校就对此现象非常重视，就把培养新学员的勇敢品质列为了二十二条军规之一。

新学员初到西点军校，从一个未经世面的人，经过西点的培养，后来变成敢作敢为敢于成功的人，因为拥有勇气而产生的这一巨大转变，是与西点的教育密切相关的。在西点看来，勇敢是人具有胆量的一种心理品质。正如歌德所言："你若失去了财产，你只失去了一点；你若失去了荣誉，你丢掉了许多；你若失去了勇敢，你就把一切都失掉了。"勇敢作为一种宝贵的人格品质，对于人的一生非常重要，只有勇敢的人才有可能取得成功。具有勇敢品质的人，一般都有如下特征：

1. 开朗直率，敢说敢做

勇敢的人能与人正常交往，没有任何的心理障碍，做事情不优柔寡断、瞻前顾后；学习工作的效率较高；在别人面前，敢于发表自己的观点，受同龄人敬佩。乐于助人，在他人遇到困难时，能见义勇为，表现出崇高的道德感情。他们的勇敢不同于鲁莽、粗暴、出风头，往往表现出机智、灵活、沉着、冷静，行为动作具有明确的目的性，并且雷厉风行，说干就干。

2. 意志坚强，勇于进取

勇敢的人在困难面前，比一般的人显得顽强得多。有个西点学员曾经在日记中写道："摔倒了并不可怕，可怕的是摔倒后不能爬起来；惊涛骇浪不可怕，可怕的是在惊涛骇浪面前失去了镇定。要知道，在希望与失望的决斗中，如果你用勇气去面对挑战，那么胜利必属于希望。"这是一位西点军校的学员小时候写的，可以看出他在学习、生活的困难面前所表现出的顽强勇气。

3. 富于激情，敢于创新

具有勇敢品质的人，往往不满足于已有的知识、成绩、现状，不墨守成规；他们的思维总是处于兴奋、活跃状态，善于抓住新的知识，归纳出自己独特的见解。

要向西点学员学习，作为未来世界的主人，就需要具有勇者的气质，敢于面对一切强手，具有无所畏惧不屈不挠的心理素质和竞技状态。

胜利只属于那些意志坚定、永不动摇的人们！

现在，许多大公司的人力资源部流行组织员工参加"拓展训练""定向运动""野战军事训练营"，这些团队建设的培训项目，其实就是模拟西点军校的"野兽营"，培养员工挑战极限的信仰与勇气、克服困难的激情与毅力、不屈不挠的斗志、善于合作的团队精神、服从大局的责任感和牺牲精神、面对不确定因素的心理承受能力和应变能力。

只要勇敢就不恐惧

西点深知勇敢是多么的重要。西点通过一系列军事训练、体育活动，包括冒险的“生存滑降”等，不断激发学员的内在勇敢，使他们能够在战争需要的紧急关头无所畏惧地冲上去。同时，在文化教育过程中，西点着重智力开发、思维训练，不断提高学员认识问题的层次；使他们在有胆中有识，在有识中增胆。

在西点学员训练营，每一项管理技能都是逐渐学会的，包括克服恐惧。他们经常进行信心训练课程，虽然只是训练，但其强度之大，以至于和平时期的西点学员无意识地就变成了老兵。

这些训练除了能让学员担心以外，西点还确保不让学员们失望。学员们知道他们在战斗中会得以各种物质支持。虽然弹药、食品和水很快就会被消耗殆尽，但是大型运输机和直升机很快就会向他们重新提供。

西点的高度临战状态也培养了他们不畏惧困难的勇气。西点学员不断被灌输，他们是打响战斗的第一人。在训练动员时，军官就全球范围内纠纷频繁的地区所做的简要通报以及反恐训练，形成了一种高度戒备状态。因此，当西点学员知道自己很快就要参战时，心里反而并没有那么恐惧。

说实话，世上没有什么事能真正让人恐惧，恐惧只是人心中的一种无形障碍。不少人在碰到棘手的问题时，就会设想出许多莫须有的困难，自然就产生了恐惧。其实，遇事如果能大着胆子去做，往往会发现事情并没有想象得那么可怕。

迈克·英泰尔是一个非常胆小的人，他几乎对生活的一切都害怕得要死，自打小的时候，就怕保姆、怕邮递员、怕鸟、怕蛇、怕大海、怕城市、怕荒野、怕黑暗、怕热闹又怕孤独……就这么一个胆小鬼，居然当了记者。

转眼间，他到了37岁，他常为自己怯弱的上半生而哭泣，在一个午后，由于恐惧，精神几近崩溃的他又突然哭了，哭泣的原因是因为一个问题：如果有人说今天自己必须得死，问自己会感到后悔吗？他的答案竟是非常肯定。虽然他有自己的好工作、亲友和美丽的女友，他那平顺的人生从没有出现过高峰或谷底。

从没有下过赌注的他，突然心头涌上一个念头，他决定选择北卡罗来纳州的恐怖角作为他的最终征服的目的地，来达到他征服生命中所有恐惧的目的。

于是，他做出了一个疯狂的举动：他放弃令人羡慕的记者工作，把随身携带的3美元施舍给了街边的流浪汉。只带了干净的内衣裤，从美国西南岸的加利福尼亚，靠着搭便车与一群陌生的人横跨美国，前往北卡罗来纳州的恐怖角。

走前，他曾接到奶奶写给他的纸条：你一定会在路上被人杀掉。但他最后却成功了，整个行程有4000多公里，依赖80多个好心人吃了78顿饭。

整个行程中，他没有接受任何人的钱物，在雷雨交加的夜晚，他就睡在潮湿的睡袋里，也有一些像抢匪或杀手的人让他心生恐惧。有时，他靠打工换取住宿，还碰到一些好心人。到了后来，他终于到了恐怖角。

这使迈克理解到这个地名的不当，就像自己心生恐惧一样，其实自己不是恐惧死亡，而是害怕生命。

用了6个星期的时间，他到了一个自己陌生的地方，虽然没有得到什么，但他注重的是过程。通过这次冒险的经历，可以在他的回忆中增加勇气和信心，好像他生活的人生一样。对于人生的事情，我们不要杞人忧天，事情该怎么做就怎么做，不要由于其他的原因，而耽误了自己前进的脚步。

恐惧是我们的大敌，它会找出各种各样的理由来劝说我们放弃。它还会损耗我们的精力，破坏我们的身体。总之，它会用各种各样的方式阻止人们从生命中获取他们所想要的东西。

真正成功的人，不在于成就大小，而在于你是否努力地去实现自我，喊出自己的声音，走出属于自己的道路。大文豪肖伯纳说过："困难是一面镜子，它是人生征途上的一座险峰。它照出勇士攀登的雄姿，也显示出懦夫退却的身影。"一个人无论做任何事情，要想获得成功，就必须有面对各种苦难的勇气，必须正视出现的挫折与失败。只有那些具有勇气的人，才不会被种种困难所带来的恐惧所吓倒，才能真正实现超越自我的目标，达到希望的顶峰。

格兰特曾在维克斯堡战役中经历两次失败，但他没有气馁，而是再次进行了精心策划。他在仔细地研究过地图，聆听过大家谈论后，对部下说出了再次攻打维克斯堡的意图，大多数人都反对，认为他的计划太冒险了，这个计划会毁掉北方军打胜这场战争的全部可能性。但是，格兰特还是出兵密西西比河西岸，从维克斯堡城经过。他让部队在城南登上炮舰渡河。部队在东岸登陆，在司令官的催促下，向内陆进发。为了闪电般地进军，任何非必需品都不准携带。格兰特只带了一把梳子和一柄牙刷，没有替换的衣服，没有毯子，甚至连坐骑也没有。军队从维克斯堡南面向内陆进发。格兰特在城北的活动麻痹了南方军，他们不明白他在要塞南面登陆的用意。南方军指挥官急忙南下，想摧毁格兰特的给养线，却发现根本不存在什么给养线。这是因为格兰特违背了一条基本的作战原则，那就是进攻部队的活动不能脱离掩护得很好的给养基地。格兰特完全不受条条框框的约束，他以这片土地为给养基地，一边前进，一边就地征集他所需要的食物和马匹等。

正是这场战役的胜利，改变了南北双方力量的对比，也是使北方走向胜利的转折点。

由此可见，勇气引领人生！一个丧失了勇气的人无异于丧失了一切。英国有句谚语说得好：“失去勇气的人，生命已死了一半。”可见勇气在人的一生中对人成长、成功的重要性！

在职场中，一名优秀的公司管理者，魄力与胆识是必不可少的素质，同时还要果断地抛弃恐惧。恐惧是一个很好的导师，恐惧使人不再矫揉造作，不再虚张声势自以为英勇；恐惧使人赤裸裸地面对自己最好和最坏的一面。

今天不能够控制自己的恐惧，那么将来置身于危险中，风险会更大，除非你能够面对你的恐惧，否则恐惧会永远如影随形，永远限制着你的发展和成就。

每一位公司管理者都需要冒险。风险愈高，管理者的情绪愈接近恐惧。要训练自己在重要关头能够处理恐惧，最好的办法是在恐惧的情境下练习克服恐惧。他们必须学会面对恐惧，了解恐惧，同时体会如何因为恐惧而产生的压力。唯有如此，才能确保在最需要冷静行事的关键时刻，不会因为恐惧而瘫痪。

所以说，直面恐惧，勇敢地面对危险更是管理者应有的一种基本素质。

不要让恐惧左右自己

恐惧是人类最原始的认识之一，它是人类生存本能的反应。恐惧会让你停滞不前，使你的目标永远无法实现；恐惧会使你囿于现状，不敢冒险，安于平庸的生活。经过适当的调整，恐惧可以转化为一种新奇刺激的情绪，帮助你突破个人的极限。

在西点军人看来，恐惧是一种带有强迫性质的、不以人身体的意志和愿望为转移的情绪。恐惧能摧残一个人的意志和生命。它能影响人的胃、伤害人的修养、减少人的生理与精神活力，进而破坏人的身体健康。它能打破人的希望、消退人的志气，使人的心力“衰弱”，每遭遇到困难都会望而却步。

“恐惧和懦弱是对危险自然的厌恶，”伊曼努尔·康德说，“它是人类生活中不可避免和无法放弃的组成部分。”

任何人或多或少都会有恐惧心理。当遭遇困境的时候，人都会害怕，但怕归怕，千万不要输给眼前的敌人。

恐惧是人生命情感中难解的症结之一。面对自然界和人类社会，生命的进程从来都不是一帆风顺的，谁都避免不了会遭遇各种各样、意想不到的挫折与苦难。当一个人预料到将会有某种不良后果产生或受到威胁时，就会产生这种不愉快的情绪，并为此紧张不安，焦虑、烦恼、担心、恐惧，程度从轻微的忧虑一直到惊慌失措。

任何人都可能经历某种困难或危险处境，从而体验不同程度的焦虑。恐惧作为一种生命情感的痛苦体验，是一种心理折磨。人们往往并不为已经到来的，或正经历的事感到惧怕，而是对结果的预感产生恐慌，为生活中等待坏事情的发生而担忧。

恐惧完全是我们的一种消极思想。如果你也有这样的思想，就要努力让自己克服。当然，我们不可能将其连根铲除，但却至少应该将其控制在一定的范围之内。如果让它成为你生命中的主宰，那么在生活中你也就会举步维艰了。

在拿破仑·希尔的打字机前面，悬挂着一个牌子，其中用大写字母写下了下面一些字句："日复一日，我在各方面都将获得更大的成功。"

一名怀疑者在看到这个牌子之后，问拿破仑·希尔是否真地相信"那一套"。拿破仑·希尔回答说："我当然不相信。这个牌子'只不过'协助我脱离了我们本来担任矿工的那个煤矿坑，并且让我在这个世界里谋得一席之地，使我能够协助10万人力争上游，在他们思想中灌输与这个牌子内容相同的积极思想。所以，我何必相信它呢？"

这个人在起身准备离去时，说道："好吧，也许这一套哲学有它的一点道理，因为我一直害怕自己会成为一名失败者，到目前为止，我的这种恐惧可以说已经彻底实现了。”

你若不是逼迫自己走向贫穷、悲哀与失败，就是正引导着自己攀向成功的最高峰，这完全取决于你是采取哪一种想法。这就是说，恐惧是可以被克服、被打败的，只要我们了解资源是存在于我们自身，而不是在世界上的某个地方。

对于任何人而言，真的没必要对任何事情产生恐惧。其实，恐惧只不过是一种隐性的障碍罢了。就如怕了一辈子鬼的人，却一辈子也没有遇见鬼一样，恐惧不过是自己吓唬自己。很多人遇到棘手的问题的时候，就会想出很多莫须有的困难，把所面临的困境无限扩大，这无疑使自己产生了恐惧感。其实无论遇到什么事情，只要大胆去做，就会发现事情远没有想象得那么可怕。正如一位名人所说：“勇气不是缺少恐惧心理，而是拥有对恐惧心理的抵御和控制能力。”纵观整个世界的发展史，每个人的成败都是不值得一提的，重要的是你曾经放手拼搏的过程。那些古今中外的成功人士，留给我们的不仅是他们的辉煌，更重要的是我们应该学习他们曾经为了战胜困难，不断尝试的勇气。

我们都是相同的人，我们都渴望荣耀，渴望光环，我们也同样会有所恐惧，有脆弱的一面。尽管恐惧是人类共同的弱点，但是这并不是我们脆弱的借口。西点军校就用其严苛的近乎残忍的训练方法来帮助学员们克服恐惧，用并非常人能忍受的苦难来磨炼他们的意志，培养他们的勇气，让他们在千锤百炼中成长为真正的勇士，成为真正站在世界之巅的王者。

柯特林先生一直是通用公司的副总裁，负责世界知名的通用汽车研究公司，可是当年他却穷得要用谷仓里堆稻草的地方做实验室。家里的开销全靠他妻子教钢琴的1500美元酬金。有人问他妻子在那段时间是否很忧虑，她说："是的，我担心得睡不着。可是柯特林先生一点也不担心，他整天埋头工作，没有时间忧虑。"

在家里最贫困的时候，很多人都会有一种莫名的恐惧感，但是柯特林先生却选择了以埋头工作的形式来打破恐惧，这是我们每个惧怕困难的员工最应该学习的地方。

地位、鲜花、声望、财富……这些美好的东西都是给富于勇气的人准备的。一个被恐惧控制的人是无法成功的，因为他不敢尝试新事物，不敢争取自己渴望的东西，自然也就与成功无缘。胆怯、逃避是毫无用处的，只有直面恐惧，才能战胜恐惧。

恐惧有时候就像一道虚掩着的门，实际上你没有必要害怕，那扇门是虚掩着的。很多人都会对"不可能"产生一种恐惧，绝不敢超越雷池一步。因为太难，所以畏难；因为畏难，所以根本就不敢尝试，不但自己不敢去尝试，认为别人也做不到。困境中如果你认为自己真的完了，那你就永远失去了站立的机会。

面对工作中的巨大难题时，内心的恐惧就会对你说："你绝对办不到。"消除恐惧的办法只有一个，那就是往前冲。假如对工作心怀恐惧，更应强迫自己去面对它，以后碰上更难的问题时，你就不会再那么恐惧了。

通过我们的分析，我们应该已经学会了对任何恐惧作战，也明白了要想成为强者，就必须在苦难中磨炼品格，在艰辛中铸就勇敢。可是，当真正面对危险时，我们应该怎样才能更好地克服恐惧的心呢？

第一，建立自信心。敌人的强大只是恐惧感在我们心中形成的假象，别低估自己的实力，足够的自信是成功的基础。

第二，要做好充足的准备。未知产生恐惧，当我们对所面对危险有足够了解的时候，恐惧感就会相对降低。

第三，训练直面恐惧的勇气。没有天生的勇士，真正的勇士都是在后天的苦难中一点一滴铸造的。如果对某样事物有恐惧心理，逃避往往是最糟糕的办法。直面你的敌人，和它战斗，失败了就重新开始，战胜敌人只代表一次胜利，战胜自己的恐惧心理才是一生的成功。

如果恐惧占据了你的心灵，在你的心中发芽，切不可纵容它们，使之逐渐滋长蔓延；而应当立即转换你的思想，向着与恐惧忧虑相反的方向去思考。当你为自己的软弱、自己的准备不周、自己可能的失败而恐惧时，你需要立刻改变你的思想。你要确信自己是坚强的、有能力的、有把握的，并且完全有充分的准备来应付更大的挑战。

“明知山有虎，偏向虎山行”，去做你所恐惧的事，这也是克服恐惧的一大良方。你不去做，就会永远都恐惧。一旦你拿出破釜沉舟的勇气，做了第一件曾使自己恐惧的事，那么去做第二件、第三件就很容易了。人们开始做某件事时，都是惴惴不安的，但是只要开了头，就会逐渐适应起来。人的勇气都不是天生的，没有谁是一生下来就充满自信。只有勇于尝试，才能锻炼出胆量。尝试是一种发现，也是一种自信、一种决心。我们之所以害怕做事，是因为只看到了事物消极和困难的一面，而没有看到它积极和容易的一面。如果能以积极的心态看待事物的另一面，恐惧感就会减轻。

第五章

提升交际能力

良好的人际关系是成功的关键

成功人士共有的特点是什么？

根据《行销致富》一书的作者史坦利的说法：“答案是一本厚厚的名片簿。更重要的是他们广结人际网络的能力，这或许便是他们成功的主要原因。”

作为成功人士，他们不仅晓得有谁蕴藏在他们厚厚的名片簿里，更愿意无私地把这些资源与其他成功人士分享。

魏斯能在他的新书《不上，则下》中指出：“人际网络背后的意义，其实比一般人所能想到的都还深远。”这是他访问了280位企业总裁后所得出的结论。他说：“那些企业总裁坚信：虽然每个人都有他们如何步步高升到金字塔顶端的精彩故事，但大多数人都把他们的成功归功于身旁人的提拔。”

美国作家柯达说过：“人际网络非一日所成，它是数十年来累积的成果。如果你到了40岁，还没有建立起应有的人际关系，麻烦可就大了。”

在这方面，美国前总统克林顿是最好的典范。

在他成功参选的过程中，拥有高知名度的朋友们扮演着举足轻重的角色。这些朋友包括他小时候的玩伴、大学时的同学等。为了帮助克林顿能够竞选成功，他们四处奔走，全力地支持他。所以克林顿在担任总统后，曾坦言，他之所以能够成功地赢得竞选，与他拥有广泛的人际关系是分不开的。

现代心理学和社会学的研究已经证实，良好的人际关系具有四大功能：

第一大功能：产生合力。

平时，我们常说的“人多力量大”，“团结就是力量”，“人心齐，泰山移”，就是这个道理。在现代社会，分工细化，竞争残酷，单凭一个人的力量是根本无法取得事业上的成功，只有借助众人之力，才有可能创造辉煌的人生，而要获得众人的帮助，使之上下一心，攻克目标，那就必须学会搞好人际关系。

第二大功能：形成优势互补。

俗话说：一个篱笆三个桩，一个好汉三个帮。一个人，即使是天才，也不可能样样精通。所以，他要完成自己的事业，就必须善于利用别人的智力、能力和才干。然而，用人并不仅仅是一种雇佣与被雇佣的关系，而最大限度地调动下属的工作积极性，就必须掌握一定的人际技巧。在一个人开拓自己的事业时，总要遇到自己力所不能及的困难，这时，良好的人际关系则会助你一臂之力，为你扫清障碍。

第三大功能：给人友谊的滋润。

人是一种感情动物，必须时刻进行感情上的交流，需要获得友谊。在迈向成功的道路上，要想坚持到底，仅仅依靠信念的支撑是不够的，还必须有友谊的滋润。良好的人际关系会使你获得一种强大的力量和热情，在成功时得到分享和提醒，在挫折时得到倾诉和鼓励，这必将会有助于你心理的有益平衡，从而有勇气地迈向新的征程。

第四大功能：掌握更多的信息。

在现代社会中，掌握了信息就等于是把握住了成功的机会。一条珍贵的信息可以使人功成名就、腰缠万贯，而信息闭塞也可能会使人贻误战机、遗憾终生。广交朋友，善处关系，是一条十分有效地获取信息的途径，这样，你就能够在竞争中始终处于一种领先的地位，然后再取得事业上的成功。不过社会关系不是雨后春笋，自己会长出来，不需要人的料理。社会关系不仅需要培养，也需要维护。否则“人一走，茶就凉”，会使得已经做出的努力付之东流。不论对上对下、对内对外，良好的人际关系有时就是笔巨大的投资，必然会在你需要的时候给你丰厚的回报。

如果不了解人际交流的禁区，会让你的人际关系变得索然无味，甚至招人厌恶。这就是说，积极的人生态度和良好的人际关系，是事业成功的催化剂，它会使人变得活泼，富有进取精神，充满干劲。反之，冷漠、消极的人生态度和生硬的人际关系，会使自己置于重重障碍之中，限制自己的发展。在这种情况下，我们就要注意以下一些要点：

要点一：切忌随意插嘴。

要让人把话说完，不要轻易打断别人的话。

要点二：切忌节外生枝。

要扣紧话题，不要节外生枝。如当大家正在兴致勃勃地谈论音乐，你突然把足球赛塞进来，显然不识“火候”。

要点三：切忌居高临下。

不管你身份多高，背景多硬，资历多深，都应放下架子，平等地与人交谈，切不可给人以“高高在上”之感。

要点四：切忌心不在焉。

当你听别人讲话时，思想要集中，不要左顾右盼，或面带倦容，连打呵欠；或神情木然、毫无表情，让人觉得扫兴。

要点五：切忌冷暖不均。

当几个人聚在一起交谈时，切莫按自己的“胃口”，更不要按他人的身份而区别对待，热衷于与某些人交谈而冷落其他人。不公平的交谈是不会令人愉快的。

要点六：切忌短话长谈。

切不可泡在谈话中。鸡毛蒜皮地“掘”话题，浪费大家的宝贵时光。要适可而止，说完就走，提高谈话的效率。

要点七：切忌搔首弄姿。

与人交谈时，姿态要自然得体，手势要恰如其分。切不可指指点点，挤眉弄眼，更不要挖鼻掏耳，给人以轻浮或缺乏教养的感觉。

要点八：切忌自我炫耀。

交谈中，不要炫耀自己的长处、成绩，更不要或明或暗拐弯抹角地为自己吹嘘，以免使人反感。

要点九：切忌口若悬河。

如果对方对你所谈的内容不懂或不感兴趣，不要不顾对方的情绪，自己始终口若悬河。

要点十：切忌言不由衷。

对不同看法，要坦诚地说出来，不要一味附和。也不要胡乱赞美、恭维别人，否则，令人觉得你不真诚。

要点十一：切忌故弄玄虚。

本来是习以为常的事，切莫有意“加工”得神乎其神，语调惶恐、时断时续，或卖“关子”，玩深沉，让人捉摸不透。如此故弄玄虚，是很让人反感的。

要点十二：切忌挖苦嘲弄。

别人在谈话时出现了错误或不妥，不应嘲笑，特别是在人多的场合尤其不可如此，否则会伤害对方的自尊心。也不要对交谈以外的人说长道短，这不仅有损别人，也有害自己，因为谈话者从此会警惕你在背后也说他的坏话。更不能把别人的生理缺陷当作笑料，无视他人的人格。

掌握了以上这些要点，在人际交往中，就会更多地掌握主动权，当我们在与他人交流的时候，就会少一些不必要的尴尬，多一份成功的机会。

给人说话的机会

我认为，辩论之所以精彩，不仅仅是因为辩论双方口若悬河，滔滔不绝，主要是因为如此强硬的对手，都能给彼此说话的机会，这样，强强对垒，才更显得辩论有意义。

当然，这只是举一个例子，也许不是很恰当，但是我想说，即使你不同意他人的意见，你或许想阻止他，也最好不要这样，因为这样做没有什么效果，要给对方说话和表现的机会。当他人还有许多意见要发表的时候，他是不会注意你的。所以忍耐一点，用一颗开放之心听取他人讲话，并诚恳鼓励他完全发表自己的意见。

很多人为了让别人的意见同自己保持一致，他们往往采取一种错误的策略：说话太多。尤其是那些推销员，他们更容易犯这种不经意的毛病。其实，你不如让对方畅所欲言，因为每个人对自己的事和与己有关的问题一定比你知道得多，所以不如问他一些问题，让他给你讲述有关的一些事情。

在商业中，给人说话的机会，也确实有价值，我们可以看看下面这个例子。

多年以前，有一家汽车工厂正在接洽采购一年中所需要的坐垫布。3家有名的厂家已经做好样品，并接受了汽车公司高级职员的检验，然后，汽车公司给各厂发出通知，让各厂的代表做最后一次的竞争。

有一厂家的代表赵先生来到了汽车公司，他正患着严重的咽喉炎。“当我参加高级职员会议时，”赵先生在我训练班中叙述他的经历时说，“我嗓子哑得厉害，差不多不能发出声音。我被引进办公室，与纺织工程师、采购经理、推销主任及公司的总经理面洽。我站起身来，想努力说话，但我只能发出尖锐的声音。”

“大家都围桌而坐，所以我只好在本上写了几个字：诸位，很抱歉，我嗓子哑了，不能说话。”

“我替你说吧，”汽车公司总经理说。后来他真替我说话了。他陈列出我带来的样品，并称赞它们的优点，于是引起了在座其他人活跃的讨论。那位经理在讨论中一直替我说话，我在会上只是做出微笑点头及少数手势。

令人惊喜的是，我得到了那笔合同，订了50万张坐垫布，价值160万美元。这是我得到的最大的订单。

我知道，要不是我实在无法说话，我很可能会失去那笔合同，因为我对于整个过程的考虑也是错误的。通过这次经历，我真地发现，让他人说话有时是多么有价值。

有一家电气公司的业务员李宏也深有同感，下面让我们看看他的例子。

有一次，李宏先生正在宾夕法尼亚做一次农业考察。

当他经过一家整洁的农家时，向该区的代表问道："为什么这些人不用电？"

"他们是守财奴，你不可能让他们买下任何东西，并且他们对公司不感兴趣。我已经试过多次，真是没有希望了。"区代表厌烦地回答道。

也许是没有希望，但李宏无论如何要试一试，他走去叩一个农家的门。门只开了一小缝，老罗根保夫人探出头来。

她一看见公司代表，李宏先生讲述说，"就当着我们的面把门一摔。我再叩门，她又把门开了一点，告诉我们她对我们及公司的看法。"

她将门再开得大些，探出头来怀疑地望着我们。

"我曾留意你的一群很好的都敏尼克鸡，"我说，"我想买一打新鲜鸡蛋。"

门又打开一点。"你怎么知道我的鸡是都敏尼克鸡？"她的好奇心似乎被激起来。

"我自己也养鸡，"我回答说，"而从未见过比这更好的一群都敏尼克鸡。"

"那你为什么不用你自己的鸡蛋？"她还有些怀疑。

"因为我的来格亨鸡生白蛋。你是会烹调的，自然知道在做蛋糕时，白蛋不能同赭蛋相比。为此，我的妻子以她所做的蛋糕自豪。”

这时，罗根保夫人放着胆子走了出来，来到廊中，态度也温和多了。我环顾四周，发现在场中置有一个很好的牛奶棚。

“罗根保夫人，实际上，”我接着说，“我可以打赌，你用你的鸡赚钱，比你丈夫用牛奶棚赚的钱还要多。”

她高兴极了！当然她赚得多！她听我如此说更加高兴，但可惜她不能使她顽固的丈夫承认这一点。后来，她请我们参观她的鸡舍，在我们参观的时候，我留意她所造的各种小设备，我介绍了几种食料及几种温度，并在几件事上征求她的意见。片刻间我们就很高兴地交换了经验。

过了一会儿，她说她几位邻居在他们的鸡舍里装置电光，据她们说效果很好。她征求我的意见，她是否应该采取这种办法。两星期以后，罗根保夫人的都敏尼克鸡也见到了灯光，它们在电光的助长之下叫唤着，跳跃着。我得到了我的订单，她也能多得鸡蛋。双方满意，人人获利。

但是，如果我不先将她诱入圈套，我是永远不能把电器推销给这位守财奴式的荷兰妇女的。

事实上，即使是我们的朋友，也喜欢谈论他们的成就，而不愿听我们吹嘘自己的成就。法国哲学家罗西法考说：“如果你要树立敌人，就胜过你的朋友；但如果你要得到朋友，那就让你的朋友胜过你。”当我们的朋友胜过我们时，他们获得了一种自重感；但当我们胜过他们时，他们会产生一种自卑感，并引起猜忌与嫉妒。

德国人有一句俗语："最纯粹的快乐，是我们从别人的困难中所得到的快乐。"是的，你有些朋友，恐怕从你的困难中比从你的胜利中得到的满意更多。所以不要时时向他人夸大自己的成就，我们要谦逊，这样永远能使人喜欢。

我们应当谦逊，因为你我都没有什么了不起的。你我都会逝去，过百年之后完全被人遗忘。生命过于短促，不要总是谈论我们小小的成就，使人厌烦；反之，我们要鼓励他们说话。

所以，让对方说话，我们将更容易得到别人的信服。

善于从他人角度考虑问题

有人认为，人的天性都是自私的，尤其是在涉及利益的问题时，人的自私性表现得更为明显。这时，如果让我们永远按照对方的观点去想，由他人的立场去看事，一如由你自己的一样，真的很难做到。但是如果做到了，那么，这或许不难成为影响你终身事业的一个关键因素。

有时候，生活中会发生这种情形：对方或许完全错了，但他仍然不以为然。在这种情况下，不要指责他人，因为这是愚蠢人的做法。你应该了解他，而只有聪明、宽容、特殊的人才会这样去做。对方为什么会有那样的思想和行为？其中自有一定的原因。找寻出其中隐藏的原因，你便得到了了解他人行动或人格的钥匙。而要找到这种钥匙，就必须诚实地将你自己放在他的地位上。假如你对自己说："如果我处在他当时的困难中，我将有何感受，有何反应？"这样你就可省去许多时间与烦恼，也可以掌握更多的处理人际关系的技巧。

有一个公园，里面的一些小树及灌木经常被人烧掉，这些燃火不是由粗心的吸烟者所致，它们差不多是由到园中野炊的孩子们摧残所致。有时，这些火蔓延得很凶，以至于必须叫来消防队员才能扑灭。

公园边上有一块布告牌，上面写着：凡引火者应受罚款及拘禁。但这布告竖在偏僻的地方，很少有儿童看见它。

有一位骑马的警察一直在照看这个公园，但他对自己的职务不大认真，火仍然是经常蔓延。后来警察遭到了上司的批评，所以从那时起，他便极不情愿地负起了这份责任。他从没有试着从儿童的角度来对待这件事。每当他看见树下起火时就非常不快，急于想做出正当的事来阻止他们。他上前警告他们，用威严的声调命令他们将火扑灭。而且，如果他们拒绝，就恫吓要将他们抓回到警察局。他只在发泄他的情感，而没有考虑孩子们的观点。

后来，那些儿童怀着一种反感的情绪遵从了警察。但当警察离开他们以后，他们又重新生火，并恨不得烧尽公园。

后来，这名警察学会了一些关于人际关系学的知识和处理人际关系的方法。于是，他不再向孩子们发布命令，也不会再威吓他们，而是面向他们说道："孩子们，这样很惬意，是吗？你们在做什么晚餐？……当我是一个孩童时，我也喜欢生火——我现在也很喜欢。但你们知道在这公园中生火是极危险的，我知道你们不是故意，但别的孩子们不会是这样小心，他们过来见你们生了火，所以他们也会学着生火，回家的时候也不扑灭，以至在叶子中蔓延烧毁了树木。如果我们不再小心，这里就会没有树林。因为生火，你们可能被拘捕入狱。我不干涉你们的快乐，我喜欢看到你们感到如此快乐。但请你们即刻将所有的树叶耙得离火远一些——在你们离开以前，你们要小心用土盖起来，下次你们取乐时，请你们在山丘那边沙滩中生火，好吗？那里不会有危险——多谢了，孩子们，祝你们快乐。”

这种说法产生的效果与之前的方法有很大区别！它使孩子们产生了一种同你合作的欲望，没有怨恨，没有反感。他们没有被强制服从命令。他们保全了面子。他们觉得好，我也感觉很好，因为我处理这事情时，考虑了他们的观点。

哈佛商学院的一位院士说：“在与人会谈以前，如果对于我所要说的，以及他似乎要回答的东西没有一个极清楚的观念，我情愿在那人办公室外的人行道上走上两小时，而不愿走进他的办公室。”

如果你看到这里的唯一收获，就是觉得我们在空喊口号，根本不解决实际问题，那你就要将这些口号落到实处。

所以，你要学会：真诚地尽力从对方的角度看事情，这将有助于你取得成功。

称赞并欣赏他人

每个人都渴望得到别人及社会的肯定和认可，我们在付出了必要的劳动和热情之后，都期待着别人的赞美。从为人处事的方面来讲，想要得到自己需要的东西，首先慷慨地奉献给别人，这无疑是在给你的人际关系添加润滑剂。

在柯立芝任美国总统期间，有一天，柯立芝的女秘书迟到了几分钟，但是他并没有责怪她，而是对女秘书说："你今早穿的衣服很好看，你是一个非常漂亮的女孩子。"这恐怕是一向寡言的柯立芝总统一生中送给一位秘书的最动人的称赞了。这确实有点不平常，出乎女孩的意料之外，因而那女孩面红耳赤，不知所措。接着，柯立芝又说："不要难为情，我说这些话只是为了让你觉得好过一些，从现在起，我希望你多注意一下你的缺点。"

尽管柯立芝总统采用的办法有点明显，但他运用了一种心理技巧——当我们听到他人对自己的优点加以称赞以后，再去听一些不愉快的话，自然觉得好受了一些。这正如理发师在替人修面之前，先涂上一层肥皂一样。

在这个世界上，几乎没有人不喜欢听好话，也没有人真地打心眼里喜欢别人来指责自己，即使是相濡以沫的朋友，你批评几句，对方往往脸上也有挂不住的时候。所以，人们更多的是需要鼓励和赞美，而绝非批评和指责。

而且，美国哈佛大学的专家斯金诺通过一项实验研究证明，连动物的大脑，在收到鼓励的刺激后，大脑皮层的兴奋中心也会开始起劲调动子系统，从而影响它行为的改变。同样的道理，人作为万物的灵长，期望和享受欣赏是人类的基本需求之一。

林肯有一次在写信时，开门见山地说：“任何人都喜欢受人奉承。”

美国著名心理学家威廉·詹姆斯也说：“人性深处最大的欲望，莫过于受到外界的认可与赞美。”

人类正是因为有这种渴望与价值的冲动，才会有人在一文不名、目不识丁、帮人打杂的情况下，仍不惜花掉仅有的微薄工资，去买法律书来看，充实自己，提高自己。这个可怜的杂工并非虚构，他就是美国前总统林肯。

下面是林肯所写的第二封最著名的信（他的第一封最著名的信是写给毕克斯贝夫人的，对她在战争中失去了5个儿子表示哀悼）。林肯写这封信大约用了5分钟，但在1926年公开拍卖时，它卖了1.2万美元——那比林肯苦干50年所存的钱还多。这封信是在内战最黑暗的时期——1862年4月26日所写的。这是一个黑暗、忧愁、紊乱的时期，这封信就产生于这一时期。18个月来，林肯的将领所带的联军屡遭惨败。数千名兵士从军中逃跑，甚至参议院的共和党议员都有人叛乱，并要强迫林肯退出白宫。

林肯说："我们现在处在灭亡的边缘上，我看好像上帝都在反对我们了。我差不多看不到一丝希望的曙光。"

下面我们来看看这封信的内容，从中我们可以看出林肯是如何改变一位喧哗的将军，而且是正当全国的成败命运可能系在这位将军的行动上的时候。这恐怕是林肯在做总统以后所写的最锐利的一封信，但你可得注意到在他说到他的严重错误以前，他先称赞了胡格将军。

是的，那是些严重的错误，但林肯没有这样定义它们，而是利用更婉转，更富有外交性的手段，他写道："有些事我对你不十分满意。"下面就是那封信：

"我已经将你放在军队的首位。当然，我这样做是根据我以为充足的理由，但我想，你最好知道对于有些事，我对你不是十分满意。我相信你是一位智勇双全的将军，那当然是我所喜欢的。我也相信你不会将政治与你的职务混淆起来，在这事上，你是对的。你自信，那是一种有价值的，不可少的性格。你有志气，这在相当范围之内，是有益无害的。但我想要伯恩赛将军带领军队的时候，你出于个人的意志，竭力阻挠。在这事上，你对国家，对一位战功显赫的同僚长官犯了一个大错误……"

从这封信来看，林肯的骨子里隐含着一种非常严肃的谴责，但字面上却依然委婉诚恳，娓娓动听。那位将军捧读此信，怎能不衷心感动而甘愿效忠呢？这就是林肯的过人之处，作为美国最著名的总统之一，他当之无愧。

当然，我们不是柯立芝、林肯，但是我们可以学习这种处世哲学，因为在我们的日常生活和工作中，我们随时需要这些。

一位夫人雇了一个女仆，并告诉她下星期一来上工。

这时候，这位夫人打电话给那女仆以前的女主人，知道她做得一切都不是很好。于是，当女仆来上工时，这位夫人说道："我那天打电话给你以前做事的那家太太，她说你诚实可靠，会做菜，会照顾孩子，但她说你不整洁，从不将屋子收拾干净。我想她是在说谎，你穿得很整洁，人人可以看得出。我打赌，你收拾屋子一定同你的人一样整洁干净。你也一定会同我们相处得很好。"

后来，她真地把屋子收拾得发亮，因为她情愿多花费一小时打扫，而不愿使夫人对她的希望落空。为什么女仆情愿这么做呢？因为女仆得到了别人的尊重和期望，也得到了鼓励和信任，所以，她就愿意付出极大的努力去实现这样的期望。

这并不是过度的赞美，也不等同于奉承，而是当你想在某方面改进一个人，所需要的最佳办法。要知道，有些人的特点和习惯已经是他的显著特征之一。如果你想改变他，那就要让他得到你的尊重，并且你对他的某种能力表示认可，他就很容易受到认可，向好的那方面发展。

人生最大的成功，无外乎是得到全世界人的赞美。但是，更重要的是应该获得别人的真诚和爱心，获得大家的喜爱和照顾。虽然这要看每个人的造化，但是一个人是否诚恳也很重要。天分和禀赋只是第一个条件，它可以在开始给人很好的印象，但是后来就要看一个人的为人处世的能力了。

有人认为，只要有一个好的名声，就可以获得别人真诚的拥护和爱戴，其实并不够。你还要常常与人为善，乐于帮助别人。语言上要注意做到温文尔雅，而行动上更要做到对他人充满真诚的关爱。

想要获得别人的爱，那么你一定也要爱别人，否则你就算获得了别人的感情，也不会长久。古代的贵族们一般都会非常慷慨大方，无论是言谈举止还是在行动上，都是如此。要知道，他们之所以能够赢得很多人的忠诚和拥戴，靠的就是这种方式。

建功立业的人往往因其功业得到人民的拥戴，让人民永远铭记于心；而能够获得作家和诗人的尊敬，这个人同样也可以流芳百世。所以，如果你希望与他人愉快和谐地相处，那就要记住：欣赏并真诚地赞美他！

学会倾听

在人际交往过程中，有时候，听比说还要重要。有些大人物曾经说过，他们对于善听者比之于健谈者更为满意。所以，在交谈中，我们不但要会说，还要学会倾听。如果你希望成为一个善于谈话的人，那首先做一个注意倾听的人。

卡耐基曾经应邀参加一场纸牌会。他不会打纸牌，另外有一位漂亮的女士也不会打，于是他们就一起坐下来聊聊天。

她知道卡耐基在汤姆士从事无线电事业之前曾做过她的私人经理，当时卡耐基曾到欧洲各地去旅行，帮助她预备要播发的讲解旅行的资料，所以她说："卡耐基先生，我想请你告诉我所有你到过的名胜及所见过的奇景。"

当他们在沙发上坐下的时候，她对卡耐基说道："我跟丈夫最近刚从非洲旅行回来。"

"非洲！多么有趣！我总想去看看非洲，但除在爱尔裘士停过24小时外，其他地方还没到过。告诉我，你曾游历过经常有野兽出没的乡村，是吗？多么幸运！我真羡慕你！告诉我关于非洲的情形吧。”卡耐基说。

那次谈话谈一共进行了45分钟。那位女士不再问卡耐基到过什么地方，也不再问他看见过什么东西了。她不要听他谈论他的旅行，她所需要的不过是一个专注的静听者，以使她能扩大自我，而讲述她所到过的地方。

在现实生活中，许多人都跟这位女士一样。

一次成功的商业会谈的秘诀是什么？

注重实际的学者以利亚说：“关于成功的商业交往，没有什么神秘——专心注意对你讲话的人极为重要。没有别的东西会如此使人开心。”

其中的道理显而易见，我们谁都无须在哈佛读4年才能发觉这一点。但你我也知道，有的商人租用豪华的店面，陈设动人的橱窗，为广告花费千百元钱，然后雇佣一些不会静听他人讲话的店员，他们喜欢中止顾客谈话、反驳他们、激怒他们，甚至几乎要将客人驱出店门。

始终挑剔的人，甚至最激烈的批评者，常会在一个有忍耐和同情心的静听者面前软化降服。

数年前，纽约电话公司应付过一位曾咒骂接线生的最险恶的顾客。他咒骂，他发狂，他恫吓要拆毁电话，他拒绝支付某种他认为不合理的费用，他给报社写信，还向公众服务委员会屡屡声诉，并使电话公司引起多次诉讼。最后，公司中的一位最富技巧的“调解员”被派去访问这位暴戾的顾客。对于这位顾客无休止的抱怨，这位“调解员”静静地听着，并对其表示同情，任凭这位好争论的老先生发泄他的牢骚。

那位讲解员说：“他喋喋不休地说着，我静听了差不多3小时，以后我再到他那里，继续听他发牢骚，我共访问他4次，在第4次访问完毕以前，我已经成为他正在创办的一个组织的会员，他称之为‘电话用户保障会’。我现在仍是该组织的会员。有意思的是，就我所知，除老先生以外，我是世上唯一的会员了。在这几次访问中，我静听，并且同情他所说的任何一点。我从未像电话公司其他人那样同他谈话，他的态度也变得友善了。我要见他的事，在第一次访问时，没有提到，在第二、第三次也没有提到，但在第四次，我圆满地结束了这一事件，使所有的账都付清了，并在他与电话公司为难的诉讼中，他第一次撤销他向公众服务委员会的申诉。”

无疑，老先生自认为公义而战，保障公众权利，不受无情的剥削，但实际上他要的是自重感。他先经由挑剔抱怨得到这种自重感，但在他从公司代表那里得到自重感后，他的不切实际的冤屈即消失得无影无踪了。

多年前，有一个贫苦的儿童，从荷兰移民到美国。他家非常贫寒，他每天要到街上，用篮子捡拾煤车送煤落在沟渠里的碎煤块。在学校下课后，为一家面包店擦窗，每星期赚半个美元。我们所说的这个孩子叫马克，一生仅受过6年的学校教育，但最后竟成为美国新闻界非常成功的杂志编辑。

他怎么成功的呢？

他13岁离开学校，做童工，每星期工资6.25美元。但他一时一刻也未放弃寻求教育的意念。不但如此，他还自我教育。他把他不坐车、不吃午饭的钱省下积攒起来，直到足够买一部《美国名人传全书》。接着，他又读了名人的传记，写信给他们，请他们寄来有关他们童年时代的补充材料。他是一个善于静听的人，他鼓励名人讲述自己的故事。

他写信给那时正在竞选总统的加菲大将，问他是否确实曾一度在一条运河上做运船童工；而加菲也复信给了他。

他写信给格莱德将军，询问某一战役，格莱德给了这位14岁的孩子一张地图并邀请他吃晚饭，并且和他谈了一整夜。他写信给爱默生并鼓励爱默生讲述关于他自己的话。这位为西联送信的小孩不久便和全美著名的人通信：爱默生、勃罗克、夏姆士、浪备洛、林肯夫人、爱尔各德、秀门将军及戴维斯。

他不只与这些名人通信，并且在他们假期的时候，还会去拜访他们中间的好多位，成为他们家里受欢迎的一个客人。

这种经验，使他产生了一种无价的自信心。这些名人激发了他的理想与志向，改变了他的人生。而所有这一切，只是因实行了我们所讨论的这一原则而已。

马可先生大概是世上最优秀的名人访问者，他说许多人不能让他产生好印象，因为他们不注意静听。“他们极关心自己下面要说什么，他们不打开耳朵——一些大人物曾告诉我，他们更喜欢善于静听者而非善于谈话者，但能静听的能力，好像比任何其他好性格都少见。”不只大人物要求他人善于静听，连平常人也这样。有人曾说："许多人之所以请医生，他们所要的只不过是一个静听者。"这就是静听的妙处所在。

在美国最黑暗的内战时期，林肯给在伊里诺伊的一位老朋友写过一封信，请他到华盛顿来。林肯说他有些问题要与他讨论。这位老朋友接到信后便到白宫拜访，林肯同他谈了数小时，都是关于释放黑奴的宣言是否适当的内容。

林肯对赞成及反对此事的理由都加以探究，然后阅读一些谴责他的信件及报纸的文章，有的怕他不放黑奴，有的却因为怕他释放黑奴而造成混乱。

谈论数小时以后，林肯与他的老朋友握手道声晚安，送他回伊里诺伊，竟然没有征求他的意见。整个谈话中，所有的话都是林肯说的，那好像是为了让自己的心情更舒畅一些。那位老朋友说："谈话之后他似乎稍感安适。"

林肯没有要求得到建议，他只要一位友善的、同情的静听者，使他可以发泄苦闷。那是我们在困难中都需要的，那也常是仇怒的顾客所需要的，一些不满意的雇员，感情受到伤害的朋友也都是这样。

如果你要知道如何使人躲避你，背后笑你，甚至轻视你，这里有一个最好的办法——决不静听别人说话，不断地谈论你自己。如果在别人谈话时，你有自己不同的意见，别等他说完，他没有你聪慧。为什么浪费你的时间去听他无谓的闲谈？即刻插嘴，在一句话当中打断他。

那些讨厌的人就是为自私心及自重感所麻醉的人。那些只谈论自己的人，只为自己设想。而“只为自己设想的人”，哥伦比亚大学校长巴德勒博士说：“是无可救药的缺乏教育者。”巴德勒博士说：“他确实没有教育，无论他如何受人指导。”

所以，如果你希望成为一个善于谈话的人，那就先做一个注意倾听他人之人，如果你想使他人对你感兴趣，那就先让他对你感兴趣。问别人喜欢回答的问题，鼓励他谈话自己及他所取得的成就。不要忘记在与你谈话的人，对他自己、他的需要、他的问题，比对你及你的问题要感兴趣100倍。

下次当你开始谈话的时候，就试用这一点：鼓励别人谈论他们自己，而你只做一个善于静听的人。

理解与体谅他人

人际交往是一门艺术，你若想交到真正的朋友，就必须掌握一定的交友技巧。在交友过程中，我们要学会记住和忘记一些事情，要懂得体谅和宽容。这样，才能使你的友谊之树常青，并且还能助你赢得更多的友谊。

有一次，阿拉伯名作家阿里和他的朋友吉伯、马沙一起去旅行。

当三人行至一个山谷时，阿里失足滑落，幸好吉伯拼命拉他，才将他救起。阿里就在附近的大石头上刻下了："某年某月某日，吉伯救了阿里一命。"三人继续走了几天，来到一处河边，吉伯与阿里为了一件小事吵了起来，吉伯一气之下打了阿里一耳光，阿里就在沙滩上写下："某年某月某日，吉伯打了阿里一耳光。"

当他们旅游回来之后，另一位朋友马沙好奇地问阿里："为什么要把吉伯救他的事刻在石上，将吉伯打他的事写在沙上？"

阿里回答："我永远都感激吉伯救我。至于他打我的事，随着沙滩上字迹的消失，我会忘得一干二净。"

正如一位阿拉伯著名诗人萨迪所说："谁想在困厄中得到援助，就应在平日宽以待人。"记住别人对我们的恩惠，洗去我们对别人的怨恨，这样我们才能结交到更多的朋友。

玛丽从一所著名的医学院毕业，在一家大型医院上班。第一天，病房里就有四五个人病逝。对她来说，这是一件可怕的事，她从来没有接受过处理死亡的训练，她的教育也未涉及这些。

有一位老人躺在病床上，孤零零地张大眼睛凝视着墙壁。她走过去看他，老人的眼睛充满泪水，声音颤抖地问了一个她从来没有预料到的问题："你认为神会宽恕我吗？"玛丽不知如何回答。她无话可说，只能隐藏在医师的专业地位背后。旁边没有牧师，她只能瘫痪般地站在那里，无法回答病人渴望帮助和得到谅解的请求。

在与人交往的时候，如果你想给对方一个好的印象，让别人喜欢你，那么你必须注意的一点是：谈论别人感兴趣的话题。

大凡认识罗斯福的人，都会对他的广博知识感到惊奇。"无论是一个牧童，猎骑者，纽约政客，还是一位外交家，"勃莱特福写道，"罗斯福都知道同他谈些什么。"那么罗斯福是如何做到这一点的？

其实答案很简单，无论什么时候，罗斯福接见一位来访者，他就会在这之前的一个晚上阅读有关这一客人所特别感兴趣的东西，以便找到令人感兴趣的话题。

罗斯福同所有的领袖一样，懂得与人沟通的诀窍——谈论他人最为愉悦的事情。前耶鲁大学教授、和蔼的费尔普早年就有过种教训：

费尔普在他的一篇关于人性的文章中写道，我8岁那年，有一个周末，我去拜望我的姑母林慈莱，并在她家度假。有一天晚上，一个中年人来访，他与姑母寒暄之后，便将注意力集中于我。当时，恰巧我对船感兴趣，而这位客人议论的话题似乎特别有趣。他走后，我向姑母热烈地称赞他，说他是一个多么好的人！对船是多么感兴趣！而我的姑母告诉我说，他是一位纽约的律师，其实他对有关船的知识毫无兴趣。但他为什么始终与我谈论船的事情呢？

费尔普说："姑母告诉我：因为他是一位高尚的人。他见你对船感兴趣，所以就谈论能让你喜欢并感到愉悦的事情，同时也使他自己为人所欢迎。我永远记住了姑母的话。"

所以，要想让自己受人欢迎，就要知道别人喜欢什么。这样的故事还有很多，例如，一位在童子军中极为活跃的名叫查利夫的人曾有过这样的经历。

"有一天，我觉得我需要有人帮忙，欧洲将举行童子军大露营，我要请英国一家大公司的经理资助我的一个童子军的旅费。然而，在我去见这人以前，我听说他曾开了一张百万美元的支票，而当这张支票返回之后，他却把它置于镜框之中。"

"所以我走进他办公室所做的第一件事就是谈论那张支票——一张100万美元的支票！我告诉他，我从未听说过有人开过这样的一张支票，我要告诉我的童子军，我的确看见过一张百万美元的支票了。他很欣喜地向我出示那张支票。我表示羡慕他，并请他告诉我其中的经过情形。”

你注意了没有，查利夫先生没有谈论童子军，或欧洲的露营，或他所要做的事，他谈论的是对方所感兴趣的。事情的结果又怎样呢？

稍过片刻，我正在访问的人说道：“我顺便问你，你要见我有什么事？”所以我告诉了他。

“使我非常惊奇地，”查利夫先生继续说，“他不但即刻应许了我的请求，并且比我要求得还多得多。我只请他资助一个童子军赴欧洲，但他竟资助了5个童子军，另加上我，并让我们在欧洲住了7个星期。他又给我开了介绍信，介绍给他分公司的经理，让他们帮忙。他自己又亲自在巴黎接我们，引导我们游览城市。自此以后，他给那些家境贫苦的童子军提供一些工作，而且现在仍在我们的团体中活跃地工作。”

“但我知道，如果我不曾找出他所感兴趣的事，使他先高兴起来，那么我一定很难接近他！”

在商界，这不是一种很有价值的方法吗？下面让我们再看看另一个例子：

杜佛诺公司是纽约一家面包公司，杜佛诺先生想方设法将公司的面包卖给纽约一家旅馆。4年以来，他每星期去拜访一次这家旅馆的经理，参加这位经理所举行的交际活动，甚至在这家旅馆中开了房间住在那里，以期待得到自己的买卖，但他还是失败了。

“后来，”杜佛诺先生说，“在研究人际关系之后，我决定改变自己的做法。我先要找出这个人最感兴趣的是什么——什么事情能引起他的关心。”

我后来知道，他是美国旅馆招待员协会的会员，而且他正热心于成为该会的会长，甚至还想成为国际招待员协会的会长。不论在什么地方举行大会，他即使要翻山越岭，跋山涉水，也会及时赶到。

所以第二天我看见他的时候，我就从一开始就跟他谈论关于招待员协会的事。可想而知，我们得到了非常好的反应。他对我讲了半小时关于招待员协会的事，他的声调充满热情地震动着。我可以清楚地看出，这确实是他很感兴趣的业余爱好。而且，在我离开他的办公室之前，他还劝我加入该会。

这次谈话，从始至终，我都没有提到任何有关面包的事情。虽然我和他的谈话，从表面上来看，好像并没有完成任务，或者说根本没有涉及工作任务，但几天以后，他旅馆中的一位负责人给我打来电话，要我带着货样及价目单去。

那位负责人对我说：“我不知道你对那位老先生做了些什么事，但他真地被你搔着痒处了！”

无数事实告诉我们：如果你要使人喜欢你，那就要谈论别人感兴趣的话题。

你不妨给人“戴高帽”

著名的小品演员赵本山、范伟和高秀敏，曾经演过一个名叫《拜年》的小品，在该小品中，高秀敏有一句比较经典的台词：“我们就给他‘戴高帽’，我们一给他戴高帽，他准乐，‘戴高乐’嘛。”这虽然只是一个小品，但是却告诉我们人际关系交往中的一个重要的交往技巧，那就是给人“戴高帽”。

在人际关系中，有一个基本定理，就是情绪的相互感染，这是影响力的一个重要体现。人们在交往中，彼此传输和捕捉相互的情绪信息，并汇聚成心灵世界的潜流，通过这股潜流的涌动来感染影响对方的情绪。一个人，对这种情绪控制的能力越高，在社交中的影响力就会越大。据心理学家调查分析，当一个人因失意、受挫、暴怒、悲伤而情绪低落的时候，迫切需要有人对其劝导和安慰，包括恰到好处地戴高帽，以调节心理、增强信心、走出低谷、恢复常态，等等。

那么，到底什么是“戴高帽”？

所谓“戴高帽”，就是把一个人的优点、专长、名誉、地位等美好的一面，用恰当的话语表达出来，并让对方乐于接受，从而起到鼓励、鞭策、警醒、劝告等作用。

但是，“戴高帽”不是阿谀奉承，也不是讨好卖乖之类的庸俗言行，它必须针对对方的实际情况，把好话说圆，给人以真诚感，令对方心悦诚服。因此，它是人际交往中一种常用的说服技巧，如果运用得当，在人际交往中，会得到意想不到的效果。

某些人特别容易受到情绪的感染，也就极易动容。一般的爱憎分明没有这么直接，而是隐藏在人际接触的默默交流中。在每次接触中彼此的情绪争相交流感染，仿佛一股不绝如缕的心灵暗流，当然并不是每次交流都很愉快。这种交流往往细微到几乎无法察觉，譬如说，同样一句“谢谢”，可能给你愤怒、被忽略、真正受欢迎、真诚感谢等不同的感受。情感的感染是如此无所不在，简直让人叹为观止。

一般来说，在与人交往的过程中，人们比较喜欢给人“戴高帽”，因为它没有大家想象中那么难，而且它的形式多样，运用起来也比较灵活自如。具体来说，主要有以下几种形式：

第一种：抚慰式“高帽”。

当某人因各种原因而伤心怄气、心情沮丧时，一般人劝解无效，这时，就需要特定的人用特定的方法与之沟通。这里所说的特定的人，不一定是当事者的亲人好友，而是在他内心深处最信赖的人。特定的人要用特定的方法，其中之一就是采用抚慰式“高帽”，即尽量使用肯定的、赞许的口吻，选取对方最值得欣慰和自豪的人和事，大加赞赏，让对方在充满成就感、满足感的心态下得到极大的抚慰，从而化解怨愤，走出低俗。比如下面这个例子：

田福堂是双水村党支部书记。他为了改变家乡贫穷落后的面貌，带领村民拦河筑坝。这项工程需要部分村民动迁，所有搬迁户都按期搬了家，唯有80多岁的金老太太躺在坑上死活不搬，儿子、儿媳妇怎么劝，也说不动这位老祖宗。

按说这金老太太是田福堂的干妈，应该支持干儿子的工作，但是在这件事情上，老太太就是犯起了倔。田福堂了解了情况以后，立即派了一个副书记去金老太太家里做工作，但愣是被金老太太用拐杖赶了出来。田书记见状，只好亲自出马去劝说自己的干妈金老太太。

在金家，田福堂跪在炕上给老妈妈讲了这样一段话：

您老人家知道，村里打这坝，是为全村人民谋福利。记得咱干爹在世的时候，他常教育我们这些后人，要为众乡亲谋福利。干爹一生一世，为乡邻谋了多少福啊！村里上了年纪的人，如今提起咱干爹，哪个不说他的好话？记得小时候，我们穷人家娃娃上不起学，咱干爹一分钱不收，义务办学，现在想起来都感动得流热泪呢……现在我们炸山打坝，正是像咱干爹教育我们的，为众乡亲谋福哩！您老人家在气头上，动了悲伤，后人们完全谅解。我知道哩，您老人家知书达理，双水村第一个开通老人！一旦您老人家消了气，就会顾全大局。为全村乡亲着想……

这时，田福堂找准了令金老太欣慰和自豪的话题——她的丈夫金大全，给他戴上“高帽”：一生一世，造福乡邻，有口皆碑。金老太在人们对金大全的崇敬声中得到极大的安慰。进而给金老太也戴上“高帽”：知书达理，第一开通，顾全大局。老太太的心灵得到进一步的抚慰，田福堂的劝说也就水到渠成了。

第二种：对比式“高帽”。

人们在生气动怒、情绪失控时，容易做出一些害人害己的事情，甚至酿成严重后果。为了避免此类事情的发生，我们需要对动怒者给予及时的劝导，以阻止其错误行为的恶性发展。但是，大家都知道，劝架不是一件容易的事，劝得好，也许会使矛盾双方化干戈为玉帛；但是，如果劝不好，就会起到火上浇油、激化矛盾的作用，甚至引火烧身，自讨苦吃。

要想把架劝到好处，我们不妨运用一种十分有效的劝解方式——对比式“高帽”，即把被劝说者的优点、优势、权益等突出地罗列出来，然后指出：若悬崖勒马，将拥有这一切；若执迷不悟，将失去这一切。两种结果，鲜明对比，让被劝说者醒悟同对方这样争斗下去，不可取、不划算，甚至根本不值得，从而主动撤退，化干戈为玉帛。

小王因建蓄水池与同村的老张争吵起来。老张认为，小王把蓄水池挖在离张家祖坟那样近的地方，就是毁坏张家福坟、侮辱张家祖宗、破坏张家的坟山风水，前去阻止他挖池。小王认为，他在自家的责任地里挖土建池、发展生产，关他人啥事，非挖不可！两人先动口后动手，小王年轻力壮，年过半百的老张见不是他的对手，跑回家拿起铁锹要去同小王拼命。正要出门，被赶来的刘老师拦住，夺下铁锹，说出一番感人的话：老张啊，你可是有身份有地位的人哪！入党30多年的老党员了，还当过支部书记。在群众中威信高、口碑好。你在位时不是动员大伙儿兴修水利，挖井建池吗？现在别人响应你的号召怎么就不认账了呢？这样的事应该同别人好商量才是。要我说，你一个德高望重的老干部，同一个小青年动武，纵有千个理由首先就没理！你家现在可是个光宗耀祖的家庭，你弟弟在部队刚当上团长，他绝对不许你这样做，你应该好好为他脸上争光才是。再说，你家小强也学业有成了，听说过几天就要带女朋友进门。正是家兴人旺的时候，千万不能生一事啊！你想想两家打起来的后果吧，那时候就不是家兴人旺，而是家破人亡了！听了这席话，老张终于冷静下来，退出了争斗。

这里，会劝人的刘老师巧妙地给老张戴上了“高帽”，把他最值得珍惜的事情说出来，然后用对比的方法，指出“家兴人旺”和“家破人亡”两种结局，通过鲜明具体的比较与权衡，使老张觉得与小王争斗下去确实得不偿失，后果严重，从而悬崖勒马、偃旗息鼓，使一场即将发生的血战平息下来。

第三种：反激式“高帽”。

生活中，我们有时会遇到一些不公正，不公平，甚至仗势欺人、恃强凌弱的事情，而弱势一方迫于种种原因，有话不说、不愿直说。这时，可以采取一种反戴“高帽”的方法，即违反对方的本意，故意给对方戴上一顶公平、公正、高姿态、高风格的高帽，造成一种“人言可畏、邪不压正”的心理压力，迫使强势一方改变主意，达到劝说的目的。

前几年，某单位按照福利分房的规定，准备将一套三居室住房分配给老职工赵某。第一榜公布之后，单位接到上级通知，该单位的杨某被提升为副局长。这样一来，赵某按年龄、杨某按职务都符合分配三居室住房的条件。杨副局长想改变第一榜公布的方案，把这套房子分配给他自己。职工赵某找到杨副局长，很得体地陈述了自己的意见：

我知道，这些年来局领导一直很关心职工，什么事情都首先为职工考虑，因此局领导班子在职工中享有很高的威信。这次分房，领导把三居室的住房分配给我，是领导对我的关心、照顾，我全家都非常感激。这几天大伙儿都祝贺我，我说是我的福气好，遇上了好领导，个个都高风亮节，是领导谦让给我的，大伙儿对领导深表敬意。杨局长，你是我的直接领导，多少年同甘共苦，现在要我把房子让给你我没有一点意见。但我担心其他职工会对你有不好的看法，你是新提拔的局长，毕竟处的位置和我不同，领导的声誉太重要了，金杯银杯不如群众的好口碑啊，你还是慎重考虑一下吧！

杨某不好意思坚持己见，最终放弃了分房的打算。你瞧，赵某不是从正面为自己找理由力争，而是违反杨某的本意，故意从“关心职工、办事谦让、群众口碑”等方面给他戴上“高帽”，人言可畏、反对不得，使他不得不放弃。赵某既没有得罪领导，也保护了自己的利益不受侵害。

以上几种“高帽”，可以适用于不同的情况，我们可以根据场合不同，而选择合适的一种。毕竟人们在交往时，情绪传递的方向，总是从表达能力较强的一方，指向相对较被动的一方。总之，如果能把“高帽”戴得恰到好处，就会使你的劝说立竿见影。会使你的交际锦上添花。

让道理说服对方

说服是人际交往中比较常见的一种交往技巧。但是并不是每个人都可以将说服的效果达到极致，因为在说服过程中，有的人总是自以为很能说，滔滔不绝地说了半天，但是听者却根本没有听进去，更没明白，让人觉得一塌糊涂。这样的说服根本起不到任何效果。

要知道，说服，就要让对方心服口服，这样对方才会听你的劝告。一般来说，说服别人的时候，摆道理是最佳的方式之一。

我们知道，论辩赛的论辩并不需要说服对方，而只需要说服评委与听众；只要评委与听众被说服，论辩也就胜利了。以软化对立为目的的日常论辩则不一样，它不仅要求说服对方而且要求自己做好被说服的准备。这一点正是论辩中，不是一方被另一方说服，而是双方都有道理，能够找到真正的对方，才能够真正地软化对立。

其实，在说服对方的时候，我们需要注意以下几点：

1. 讲清楚自己的立场

请清自己的立场，包括讲自己的论点。讲清自己的立场，不致使对方误解自己，引发不必要的新对立。例如：四川的小刘和浙江的小杨是好朋友，零花钱经常一块儿花。一次，两人买榨菜，小刘买了一袋四川榨菜。小杨很不乐意："你怎么不买浙江榨菜？"小刘："浙江榨菜的味道哪能有四川榨菜纯正呢。"小杨："你真不会吃。浙江榨菜的味道才叫纯正呢？"小刘："我不会吃？我是吃榨菜长大的，吃了几十年，恐怕是你不会吃吧。"……

双方都没有把自己的立场讲清楚。什么叫"纯正"？这是一个含义模糊的词。也许双方真正的对立是：小刘是四川，喜欢吃麻辣味的榨菜；小杨是浙江人，习惯吃甜味的榨菜。由于没有讲清立场，反倒引发了新的对立：谁更会吃榨菜？

2. 要辨清楚双方的立场

通过讲清自己的立场，听清对方的立场，从而对双方观点的优劣得失有个清楚的了解，明白真正对立之所在，这是从道理上软化对方的关键。例如：1999年高校扩招，舆论褒贬不一。在某电台的直播访谈节目里，一个高中毕业的外企总经理与一个大学青年讲师为此事展开论辩。总经理认为：扩招无意义，绝大多数人都没有上大学的必要，因为他们同样可以生活得好好的；少数人也没必要上大学，因为通过努力他们一样可以有汽车，有洋房。大学讲师则持相反的观点：高等教育应该向更多的人敞开大门，因为人们应学习更多的知识。在节目的最后，大学讲师总结道：“我与总经理的根本分歧其实不在于是否赞成高校扩招，而在于：到底是知识还是物质生活应该成为人们追求的目标。”

讲师与总经理的根本对立是一个悬而未决的问题，可贵的是讲师在表面的对立之下找到了真正的对立。只有软化了真正的对立，才算是真正软化了对立。辨析双方立场，找出真正的对立，这是软化对立的前提。

3. 听清对方的立场

对于对方的立场，重在一个“听”字。做一个良好的倾听者，听清对方的立场，有助于正确理解对方，不至于发生误会。

首先，对方已说的话，要注意他是在什么意义上说的。

听话听音，一方面指要听出对方有意义的弦外之音（如双关语），这一点做到不难。难的是在另一方面，要听出说话者本人也没有意识到的含义。例如，奥运会亚洲九强赛中国对巴林一役中，李金羽射入两球，并让中国队以2∶1获胜。但他又有两个单刀球没进，让中国队的净胜球难以超过韩国队。经常看足球的甲与经常踢足球的乙展开辩论。甲：“李金羽不行，中国前锋不行。”乙：“李金羽不行？你上去试试啊。没踢这球就不要乱讲。”甲：“没踢过球，难道我就没看过球吗？”……

球迷甲说李金羽不行，也许是在跟世界级前锋作比较；球员乙说李金羽行，显然是在跟自己作比较，在这个意义上，双方并无真正意义上的对立。问题糟糕在：由于互相没有弄清楚对方的话是在什么意义上说的，反而因虚假的对立而引发新的对立“谁有资格评球”——经常看球的还是经常踢球的。

其次，对方没有说出来的，不要贸然替对方下判断。

与对方肯定的话相对的判断，对方不一定事实上否定它；与对方否定的话相对的判断，对方不一定肯定它。因为相对判断不是相反判断。举个例子，老师斥责小明说："作文里该用句号的地方你怎么不用句号呢？"日常论辩里人们往往认为老师的话也包括这个意思：小明在作文里该用句号的地方没有用句号，其实事实上，老师说这句话也许是因为小明的作文里没有句号，或者是仅仅在某一处该用句号的地方用了别的标点。

在日常论辩里这类错误也很常见。例如：主人请客。丁一直没来，主人等得不耐烦："该来的怎么还不来。"甲想主人是想说"不该来的却来了"，于是扭头就走。主人见状，说道："不该走的走了。"乙一听不乐意了，这不明摆着说："该走的没走吗？"于是起身就走。主人急了，追了出去："我没说你。"丙一听，心想是在说我吧，也回家去了。

人们一般从这则流传甚广的笑话（其中论辩并未持续，而且语言形式不完整）中引出说话要小心谨慎的教训；但从另一方面看，又何尝引不出听话要小心谨慎的教训呢？若甲、乙、丙不替主人下判断，对立也就不会不可收拾了。

同时，不要任意扩大对方的话。任意扩大对方的结论，使之变得荒谬可笑，这是论辩赛的常用技巧。日常论辩要求用道理说服双方，而非一方战胜另一方。这样做就不妥了。例如，甲乙二人买完体育彩票后，甲说："发行体育彩票好。可以为体育事业筹集大量资金。"乙说："我看不好，这是在助长群众的赌博心理。”甲：“毕竟目的不同嘛。买彩票是为体育事业作贡献，哪能等同于赌博？”乙：“既然发行彩票可以集资，是不是要发行航空母舰彩票，登月彩票？是不是我家修房子缺钱，也来发行彩票呢……”

在这场论辩里，乙扩大了甲的论点，甲赞成发行体育彩票，但他不一定赞成凡是缺钱就发行彩票。乙的这种做法是在给软化对立找麻烦。

4. 巧妙地改变自己的立场

日常论辩要软化对立，所以不讲究论辩赛的“守住底线”。打个比方，论辩赛双方是两块拒绝融化的冰（谁融化谁输）；而日常论辩的双方则是两团燃烧的火（真理之火），凑在一起火焰才旺。为了软化对立，日常论辩要求适时变化自己的观点，以与对方取得一致。以下是两种较好的做法。

（1）把自己的观点归结到对方的观点中去，让双方对立都得到改善。例如，某公司市场部经理与开发部经理为一种新产品的开发论辩起来。市场部经理认为：在开发一种新产品之前，应先做详细的市场调查，看看消费者有无这种需求。开发部经理则认为：新产品的开发必须保密，让顾客和同业竞争对手都感到神秘才好，两人论辩了一会儿，都感到自己的立场有问题。市场部经理主动提出：开发部经理的主张是正确的，但开发之前最好进行一次一般性的市场调研。市场部经理把自己的立场从详细的市场调查调整为一般性的市场调研，以此来迎合对方的观点，从而软化了对立。

（2）把对方的观点归结到自己的观点中来，以引导对方。例如，目前在校生近视眼发病率很高，医生A认为主要是个人卫生问题，医生B则认为是用眼教育问题。

A：“近视眼大多是由看书时间过长。看书姿势不正确等用眼不卫生引起的，自然是个卫生问题。”

B：“你想过没有，如果学生压力不重，学生会长时间念书吗？”

A：“也会呀，他们也许会长时间看课外书。”

B：“既然这样，学校又为什么不加强用眼卫生的教育呢？”

A：“可能教育了，没起作用嘛。”

B：“教育居然不起作用，这难道还不是一个教育的问题吗？”

在这场论辩里，医生B巧妙地把A的观点引入自己的观点之中：即使是个人卫生问题，也首先是一个卫生教育问题，从而仍还是一个教育问题。

如果你希望用道理去说服对方，那就必须讲清自己的立场，听清对方的立场，将双方的立场辨析清楚，并在可能的情况下巧妙地改变自己的立场。

总之，说服对方是一门技巧，只有掌握了这种技巧的精髓，并且可以将其运用得恰到好处，你就能在人际关系上达到一个新的高度，并且越来越受人们的欢迎。

良药不一定都是苦的

一直以来，在人们的脑子里，有一个思维定式——“良药苦口，忠言逆耳”。但是你想过没有，难道忠言都必须是逆耳的吗?

我认为，这本不该成为一个问题，但由于长期以来，被一些人有意无意地扭曲成某种定义，因此才成了问题。对于这个问题的答案，我的回答是：不一定。

忠言作为真诚帮助他人的一种形式，它的初衷必须是善意的。既然是善意的，献言者就会想方设法把话说得让人容易接受，而逆耳之言如何才能让人更好接受?反过来讲，不能给予他人忠言的人，这肯定不是一个真诚的人。

忠告的人不是真诚的人，而这种人也有所谓的“忠言”，那么他们的“忠”从何而来呢？挑他人的刺而来。因为爱挑人刺，嘴又封不紧，情绪上来叽叽歪歪地说到你没有脾气为止，末了，还要再“赠”你一句“我这是为你好，良药苦口，忠言逆耳”。每逢此境，你是真该感谢对方呢，还是该暗骂一句“去你的吧”？

不过，善意的忠言也确实有逆耳的。究其原因，就在于有些人在特定的对象面前，容易受特殊的感情支配，以至于与对方善意的、有理性的认识，形成了认识上的交叉，这就促成了逆反情绪的再生，于是，越是忠言，越觉得逆耳。

比如，一个团队的部门经理在已经知道部下尽了最大努力但还是把事情办砸的前提下，尽管没有对他做太多的指责，还是忍不住要向他提出如“下次再不能重复上次的错误了”之类的忠告，即使你指出的问题很有道理，对方也很有可能心里不买你的账，大有可能在心里骂道：“你他妈的别站着说话不腰疼，有本事你自己去试试！”显然，这样的忠言效果就是失败的。假如此时你能说“你已经尽力，事没办好我也有责任”之类的安慰的话语，然后再与部下一起分析失败的原因，部下岂会抵触你的忠言？

如此看来，仅有“为别人好”的善意献言还不够，要使献言变成对方能接受的忠言，献言者就必须掌握“管嘴”技巧，否则就会收到反效果。

现实确实如此。

很多时候，我们总会听到一种疾恶如仇、满口仁义道德的逆耳忠言。于是我们也往往会强制自己必须把“忠言”当忠言，像喝苦口良药般虚心地采纳，但凡屡试不爽后，方才会觉得苦口良药和忠言逆耳根本就不可同日而语，将二者彼此相互比喻，实在有些牵强，因为忠言是不能当作药汤从人的嘴巴往肚子里灌的。

忠言不能和药类比。药是治疗身体病症的，苦药可以药到病除；而忠言主治的是人的心理病症，正常人的心理不爱接受逆耳的忠言。如果实在要说忠言是药，那么这种药也是顺耳的比逆耳的更具治愈能力。人心总是因为多听逆耳之言而更加脆弱，只有顺耳之言，才能鼓起人们发奋的斗志。

如果忠言必逆耳的话，那么我就要问了：中国古代又有哪个君王是因为听从了逆耳的忠言而成为一代明君的呢？是秦朝始皇、汉代武帝，还是蜀国刘备？又有哪个君臣是因为勇于向君王献逆耳忠言而受到重用的呢？是屈原、吕不韦，还是岳飞？

既然古代并没有给我们留下什么忠言逆耳的成功经典，我们为什么还要为那些“割耳朵”的话，不分青红皂白地一概认可忠言呢？如果忠言逆耳成立，那么，好言相劝又该称之为什么呢？

当然，逆耳的忠言不是没有，但它只是整个“忠言系”当中一个小小的部分，而且献言者大多数还带着情绪或仅仅是为自己找一种悖论的借口；更多有效的忠言，还是来自友好与善意的诱导。所以，逆耳的忠言并不是最好的忠言。

无论你面对的是朋友，是同事，是亲人，还是一般熟人，只要你是真地有意向对方献上忠言，那么就请你先把自己的情绪调整好，把嘴管好。做到这一点，你所献的忠言就一定不会逆耳。

除此之外，在什么场合提出忠言也很重要。一般而言，有意献言者最好事先安排“一对一”的形式，以避开他人耳目，引发不必要的传言，伤害对方的自尊心。

经验和事实告诉我们，世界上还没有哪个好心人，愿意把劝说别人的话，故意说得像割人耳朵般难听，即使是家长对小孩的教育，也并非只有以骂来解决问题。诚如一个作家所言：“察纳忠言，固然是应用的雅量，但不上道的忠言，还是不听为好！”

人的能力到底如何，往往要取决于能力的兑现情况，能力的实现是能力的重要标志，实现的效果往往成为能力价值的尺度。能力往往要在一定的环境与条件下才能形成与实现，特别是人际环境往往是能力形成与实现的重要因素。

美国某大铁路公司总裁史密斯说：“铁路的成分95%是人，5%是铁。”

他的话告诉我们，无论是成功人士，还是科学研究，无论你从属于哪一行，或从事何种职业或专业，只要学会处理人际关系，你就等于在成功路上走了85%的路程，在个人幸福的路上走了99%的路程了。

人际关系有时是润滑剂，有时是阻塞器，它可以帮助我们成功，也可以使我们失败。我们与配偶的关系怎样，决定着我们与子女的关系如何。我们的家庭关系，则给我们与别人的关系定下了调子，生活中，我们极少见到长久成功的人与配偶的关系是很糟糕的。同理，我们与同事、上司及雇员的关系好坏，直接决定着我们的生意成败，即使没有起到决定性的作用，也是其中一个非常重要的原因。

所以，除非一个人与别人有良好的关系，否则任何技术知识、技能都不能使他得心应手，发挥自如。

有几位教师向2000名雇主寄出一份问卷。调查被解雇的员工的资料，然后回答，你为什么要他离开？无论工种是什么，地区在哪里，有2/3的答复是“他们是因为与别人相处不好而被解雇”。

如果你对此半信半疑，可以看如下事实：

人们在对美国商界所做的领导能力调查中证实：管理人员的时间平均有1/4花在处理人际关系上；大部分公司的最大一笔开支用在人力资源上；任何公司最大的，也是最重要的财富是人；管理人员所订计划能否执行，其关键是人。

无论你的目标是什么，选择了什么职业，如果你想获得人生的成功，你必须学会与别人搞好关系。要知道，一滴水只有放在大海里，才能永远不会干涸。一个人纵然是满腹经纶，才华横溢，其能力的实现也离不开一定的人际环境。其能力只有在一定的集体背景下才能凸现，集体的作用岂止如此，甚至还能在一定程度上对个体能力进行放大与倍增。

第六章

善用洞察力

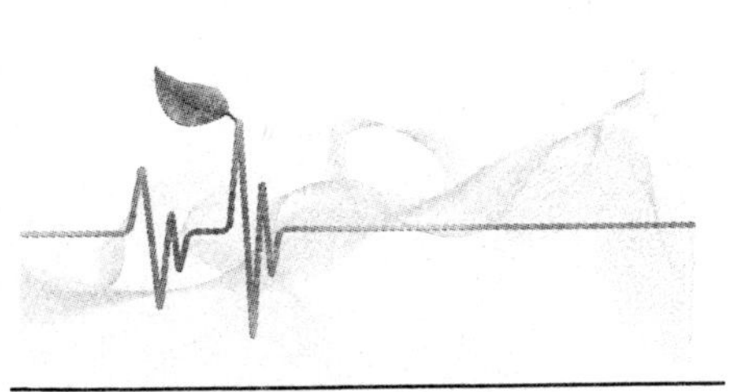

学会察言观色

在很多古装电视剧中，我们经常会看到一些大臣向君主进谏的时候，一般都会将自己的心态放在较低的位置，这样便于知道君主的真实想法。因为一个人的想法往往会通过他的态度及动作流露出来，只要仔细观察他人，也就是学会察言观色，便可以了解他人的想法。不至于彼此间因为意见不合而发生不愉快。

春秋时期的齐国宰相管仲深明察言观色之道，等到适当的时机再从旁进谏。但是有一次，他稍不小心，还是触到齐桓公的“逆鳞”。

当管仲审核国家预算支出的情况时，发现宴客费用居然占了总支出的2/3，其他部门的经费只占1/3，难怪国家财政捉襟见肘、效率不高。他认为这太浪费，此风断不可长。于是，管仲立刻去找桓公，当着众臣的面说：“大王，必须要裁减宴客费用，不能如此奢侈……”

话没说完，没想到桓公面色大变，语气激动地反驳说：“你为什么也要这样说？想想看，我们之所以隆重款待那些宾客，是为了使他们有一种宾至如归的感觉，这样他们回国后，才会大力地替我国宣传；如果我们怠慢那些宾客，他们一定会不高兴，回国后也许就会说我国的坏话，总之很难替我们说好话。在我们这里，我们能够生产出粮食，也能制造出物品，为什么还要节省呢？最主要的是，这种节省会影响到我们的声誉！”

“是！是！主公圣明。”管仲见齐桓公如此激动，便不再强争，即刻退下。

如果换作一个忠义顽强好辩的人士，有可能就会与其继续抗争下去，可以想象，那样将会有什么后果。

在这里，管仲是极其聪明的。他的聪明之处在于他善于察言观色。他从桓公的脸色和语气中，察觉到桓公的心情极为不佳，不会接受劝谏，如果继续争辩下去，只会让桓公更加气愤，所以，自己应做到该进则进、该退则退、当止则止，于是，他不那样在严峻关头继续损害君主的尊严，而是在后来的工作中慢慢影响和说服桓公，使问题逐步得以改善。

在与人交往的时候，我们也要向管仲一样，懂得察言观色，无论我们的交谈对象是谁，朋友也好，敌人也罢，我们都要懂得从对方的言谈举止中发现问题，然后选择可以应对的策略，以便使自己处于更加有利的局面。

一般而言，在气氛比较和平而友好的交谈中，尤其是面对我们的长辈或者领导的时候，我们要注意顺着对方的心意，不可逆犯对方的忌讳和尊严。否则，我们不但达不到目的，反而会使自己处于非常尴尬的局面。

另外，与朋友和同事相处的时候，我们也要注意他们的细微变化，从他们的变化中，观察他们是否有不对劲的地方，然后小心应付。因为谁都有不顺心的时候，我们如果不注意对方这些情况，有可能就会惹得对方生气，伤了大家的和气。在生活和工作中，这样的事情很常见，这里便不再赘述。

所谓“出门观天色，进门看脸色”，特别是在求人办事时，只有善于从对方面部表情做出准确判断，然后再付诸行动，这样才会有成功的可能。

总之，察其言，观其色，这是了解对方的真实心理的一个重要方法，我们如果掌握了其方法和技巧，便可以在人际交往中赢得更好的人缘，让自己拥有更加广泛的人脉，进而为事业上的成功做好准备。

通过语音洞察人心

一个人说话的语速在某种程度上往往能够反映出他的想法。说话速度一般能体现人的伶俐与迟钝，但当人有烦恼或恐惧时，说话速度必然加快。

一般说来，对人怀有敌意的时候，语速会放慢，是因为自己知道不能与对方进行深入交往，所以要给对方一种不会说话，或者不愿意与之说话的感觉。而当有人心怀愧意或想要说谎，说话的速度往往会快得吓人，特别是想取得对方谅解时，不仅速度加快，还会找些话题以图亲近。

在正常的情况下，在一般人的深层心理上，如果怀有不安和恐惧情绪时，说话的速度会加快，他希望借着快速的谈吐，来缓解自己内心潜伏的不安或恐惧；如果有人平时沉默寡言，却突然不大自然地能言善辩起来，那么他内心里一定是隐藏着某种不能为外人道出的秘密；当一个人提高说话的音调时，即表示他想压倒对方。高昂的音调只能象征精神的不成熟，它很容易使人情绪激动，并陷入口角与争执的状态里。

有一种人，永远都有说不完的话题，即使想要告一段落，也得花费相当长的时间，这表示，在说话者的内心深处潜伏着一种唯恐话题即将说完的不安与担忧，所以他会尽可能地拖延时间，尽量让话题继续下去。此外，还有很多时候，有一些人喜欢在句尾加入某种暧昧不明的语气，这是有意想逃避自己的责任的表现。

每个人的说话速度都是不同的，所以，说话语速也是人的一种特征，是一个人与生俱来的气质。这种气质，是我们在平日与人交往中锻炼所形成的。从某种意义上来看，一个人异常的说话速度常常与内心的思想有很密切的联系。比如，平时能言善辩的人，突然变得口吃起来，或者相反，平时说话不得要领的人，突然说得头头是道，这就要注意是否发生了什么事情，影响他们，以致使他们的心理发生了重大变化。

曾经有一位评论家说："男人在外面拈花惹草之后，回家时往往会突然对妻子滔滔不绝地说很多话。"当然，这个只有当事人最知道其中的秘密。但是，按照我们平时的经验来看，这是一种很合乎规律的现象。

为什么这么说呢？因为一般人的深层心理有烦恼不安或恐惧等感情时，说话速度都会快得异乎寻常，以此自欺欺人，缓和内心的不安与恐惧。但是，由于没有冷静地思考，所以，即使说得滔滔不绝，内容却空洞无物。倘若女方是个感情细腻的人，必定可以看出他内心很不平静。

在工作场所也一样，平时沉默寡言的人，如果突然话多得令人感到不适应，那就说明此人一定有了不愿他人知道的秘密，所以一直试图以各种话来遮掩和躲避。

声调与说话速度一样，也是人的语气特征之一。当人的思想处于激动状态时，声调往往会提高。就如上述丈夫拈花惹草的例子一样，如果妻子知道了丈夫出轨的事，当妻子质问丈夫的时候，丈夫对妻子辩解时声音一定会提高。某位作曲家也曾说：“要提出与对方相反的意见时，最简单的办法就是提高音量。”的确，这是常见的现象，人们在坚持自己的意见时，都想提高自己的声调来压制对方，而且音量也会随之增大，相互争执的结果，必然闹得不可开交。

声音的频率较高乃是幼儿时的特色，被认为是任性的形态之一。一般人随着年龄的增长，音频会越来越低，因为人的精神成长机制，具有抑制任性的心理功能。换句话说，如果成年人的声音提高，此人的深层心理一定是回到幼年期，即已无法控制自己的任性意识，在这种情况下，别人对他说什么他都听不进去。

然而，如果一个人无缘无故地小声说话，说话没有底气，这表示什么呢？一般来说，这是表示他对该事物缺乏兴趣，或对自己缺乏信心。

在生活中，如果你是一个有心人，仔细留心他人的语速和声调，就可以轻而易举地探知他人内心的想法。

一见如故，这是成功交际的理想境界。无论是谁，如果我们每个人都具有跟大多数初交一见如故的能耐，那肯定就会朋友遍天下，做事也会左右逢源；反之，如果缺乏跟初交者打交道的勇气，不善于跟陌生人交谈，也不懂得处世之道，那么我们就会在交际中处处受阻，事业也就难以成功。

在如今这样一个开放性的时代，对大多数人来说，交际面越来越广，跟初交者一见如故的交际才能越来越显出其重要性。所以，我们在与人谈话过程中，要注意对方讲话的语气及说话速度，从中了解他们的心理，知其所想，然后才能应对得游刃有余。

如何看穿他人心思

在与人交往的过程中，若想成功地控制别人，你要做的第一件事，就是看穿别人的心。只有这样，才能分清哪些人是可以继续交往的，才能摸准他们有哪些地方值得你交往，才能决定你自己应当采用什么样的办法去与他们交往。否则，你将碰到很多麻烦，自己都已经身陷其中了，却不知道自己为什么会掉进来。

但是我们没有读心术，如何才能看穿人心呢？

其实，看穿别人的心，特别是看穿初次相识的陌生人的心，说难也不难。再高明的人，也会在不知不觉中把自己的内心世界暴露出来，只不过暴露的程度、方式有所不同罢了。因此，你应当学会利用自己的眼睛和大脑去观察和分析，通过表象抓住问题的实质。

我们都知道，在与人交流的时候，有言外之意和弦外之音，也就是说，人的说话的语气像脸上的表情一样，传达着言外之意，增强着语言的感染力。

一般来说，人的表情有两种，一种是表现在脸上的表情；另一种是以说话的方式出现的表情。所谓以说话的方式出现的表情，即是说话的语气，语气像表情一样，传达着言外之意，充分表达着言者的内心感情，增强说话的感染力。没有表情的呆板话音，就像没有表情的脸一样令人难以理解。事实上，人们都会有这方面的切身体会。比如，我们经常在给人打电话时，并没有与对方见面，但从对方说话的语气中，却常常可以想象出对方是刚刚起床神智尚未清醒，或是刚洗完澡正在那儿纳凉，或者正专心在做什么事，往往谈话不到30秒钟，就能大体猜测出来。

相反的，没有语气的语音，不仅令人感到不舒服，往往还使人不知所云，难以捉摸清楚其真正的意思。

有一个人曾经打电话到某个外商公司去，一位接电话的女性的声音听起来很有魅力，但接着听下去就感到不对劲，因为她说话冷漠而商业化，对问题作如下回答："很抱歉，我们并没有这种商品……不，我不知道……没有任何关系……是……好。"真拿她没办法。因为像这样的企业都事先准备好了详细的电话应对表，进入该公司的职员，只要能背下来，就可以按统一的模式回答问题，到时候对号入座，照章行事就可以了。应该说，这种办法还比较科学，但确实太呆板了，也影响回答问题的效果。

我们平时说话，都是要表达某种思想和感情，说话的语气，包括声调、速度、抑扬顿挫、感情修饰等，无不是在增加语言的内容和效果。所谓言外之意，除了从表情上看出来，就是从语气中听出来。好的播音员，不仅音色好，还妙在擅长调整语气，从而拨动人们的心弦。相反，像上述公司里的那位女性，尽管声音好，很打动人，但是说话的时候就像机器人一样呆板，难免会让人觉得心烦意乱。

有时，你还会遇到一些心口不一的人，这样，心中所想的和实际说出的话不一致，这时候，如果你想知道对方的真实意图，就要试着从其说话的语气、表情和声调上进行推敲，仔细体会，就能剥开语言的外膜，洞悉对方的真意。

俗话说，路遥知马力，日久见人心，但是，如何能在初次见面，就看穿人心呢？下面为大家介绍几种方法：

第一种方法：从他的眼睛窥视他的心灵。

有些人一旦被别人注视的时候，会忽然将视线躲开。这些人大体上都怀有自卑感，或有相形见绌的感受。初次见面的时候，首先将视线左右瞄射者，表示他已经占据优势。将视线落下来看着对方，乃表示他有意对对方保持自己的威严。抬起眼皮仰视对方的人，无疑是怀有尊敬或信赖对方的意思。视线朝左右活动得厉害，这表示他还在展开频繁的思考活动。无法将视线集中于对方身上，很快地收回自己的视线的人，大多属于内向性格者。

第二种方法：从他打招呼的方式看他的内心。

即使是一个看似简单的打招呼，也能给你制造了解对方内心的机会。你可以看看，以下列举的外在表现与所分析的内心世界是否一致。当然这种分析总会有一些例外，但大体上应该是准确的。

初次见面后，始终都用老套的话向人打招呼或问候的人，具有自我防卫的心理；使劲儿与对方握手的人，具有主动的性格和信心；凡是不敢抬头仰视对方的人，大部分都是内心怀有自卑感的人；握手的时候，如果目不转睛地注视着对方，其目的要使对方在心理上屈居下风；握手的时候，无力地握住对方的手，表示他有气无力，是性格脆弱的人；握手的时候，手掌心冒汗的人，大多数是由于情绪激动，内心失去平衡。

第三种方法：从他的癖习看他的特性。

举例来说，有的女人有搔弄头发的癖习，这其实是一种神经质的表现。凡是涉及有关系的事情时，她们马上会显得特别敏感。应该说，一面说话，一面拉着头发的女性，大体上是很任性的女人。

还有人喜欢在说话时常常用手掩住自己嘴巴，这是有意要吸引对方的一种表现。而如果有人拿手托腮成癖，即表示要掩盖自己的弱点。

此外，双足不断交叉后分开，这种癖习表示不稳定。如果女性具有这一癖习时，就表示她对某位男性怀有强烈的关心之意。

不断摇晃身体，乃是焦灼的表现，这是为了要解除紧张而表现出来的动作。

第四种方法：从人的举动看他的潜台词。

在与人交流的时候，我们往往越是不在意的地方越容易泄露出一个人的真实意图。要知道，人的一举一动，特别是下意识的肢体动作，也能向你泄密。

比如，用双手支撑着下腭，大多数的情况都表示正在茫然的思考中；交臂的姿势表示保护自己的意思，同样地，这种动作也表示要随时反击的意思；用拳头击手掌，或者把手指折曲得卡卡作响，就表示要威吓对方，而不是在进行思考的活动；举手敲自己的脑袋，或用手摸着头顶，即表示正在思考的意识。

通过性格看人心

性格决定人的命运。一个人能力再强，但性格有问题，就会影响他能力的发挥。而且，人的性格也昭示着人的内心。从心理学的角度来说，神经官能症是大脑神经系统功能的失调，没有器质性病变，不是什么可怕的疾病，但是，患者心理上感到十分痛苦。它的产生除了跟遗传有关外，还与患者的性格有关。要想走出痛苦，重要的是患者应该从调整自己的性格入手，否则无论采取什么手段，都是治标不治本。

心理学家研究发现，不良的性格组合是造成神经官能症的重要原因，例如，敏感、多疑、固执、自卑、内向、急躁、完美主义、以自我为中心、过分关注别人对自己的评价等。所以，患者在调整自己的性格时，应该注意从以下几个方面入手：

1. 增强自信心，不以别人评价为行动标准

有些人特别在意别人怎么看待自己，结果行动时畏首畏尾，把自己搞得很紧张，总好像为别人活着似的，例如害怕别人发现

自己紧张脸红。其实，别人更注意你对他说什么，而不是脸红，再说，你又不是演员，目的是与人交往，而不是表演，所以即使脸红也不要在乎。这样想开了，做起来也会轻松一些。

2. 培养业余爱好，多参加户外活动

如果每天无所事事，那么自己肯定就会胡思乱想，这时候，我们就要试着去做一些对自己身体有益的活动，不要一天到晚老想着自己的症状。许多神经症患者以前业余爱好很多，患病后整日愁眉不展，根本无心参加任何活动，这样更会造成恶性循环。患者应该强迫自己参加一些文体活动，参加之前你可能觉得没兴趣，但活动之后你的感觉会大不一样。运动能使大脑产生抗抑郁的物质。

3. 知足常乐

如果你对自己要求过高，总不知足，当然很难感到愉快。人在许多时候都需要自然激励，对自己肯定一下。必要的自我满足是进一步的基础。

当然，有些人觉得调整性格说起来容易，做到很难，那就需要求助于心理医生的具体治疗，然后配合自己的调整。

4. 转移注意力

学会将注意力指向外界，不要对自己的内心感受太过于敏感。例如，患有社交恐惧症的人，对自己与陌生人交往时出现的紧张、心跳、脸红、出汗等症状特别敏感，一到社交场合就拼命控制自己，生怕别人看到自己的窘态，结果把自己原本要谈的内容忘得一干二净。其实，患者如果把注意力转移到自己今天要谈什么话题、对方的反应、周围的环境等问题上，情况就要好得多。

爱因斯坦是20世纪伟大的科学家，他用相对论开辟了当代物理学的新纪元。他也是原子时代最伟大的科学家，是有史以来人类历史上最杰出的知识分子之一，“爱因斯坦的一生，在人类对宇宙认识的贡献上是无与匹敌的，已被确认为是整个人类历史上的科学巨人。”

但是，伟大的爱因斯坦是孤独的，正如他自己所说的，他是“孤独的旅客”。爱因斯坦曾经这样写道：“我实在是一个‘孤独’的旅客，我未曾全心全意地属于我的国家，我的家庭，我的朋友，甚至我最亲近的亲人；在所有这些关系面前，我总是感觉到一定距离并且需要保持孤独——而这种感觉正与之俱增。”

孤独性格往往是一种深刻的境界，是一种常人所无法理解的层次，他的孤独是一种状态，是一种力量，是他唯一可感知可把握的。

1879年，爱因斯坦出生在德国的乌尔姆城，父母均为犹太人。爱因斯坦在瑞士读完高中，1905年在苏黎世大学获博士学位。爱因斯坦先后在德国和美国居住、生活，经历了两次世界大战，更由于他是犹太人，即使他已经是享誉全球的科学家，也难逃遭希特勒纳粹迫害的厄运。纵然爱因斯坦的一生是以辉煌告终的，但是这一切在他的生命中注入了许多坎坷与不幸。

在常人看来，他身上有许多不为人理解的怪癖：他常常忘记带家中的钥匙，甚至在结婚当天的喜宴结束后，他和新娘返回住所时不得不喊房东太太开门。

生活上，爱因斯坦不修边幅，在他获得诺贝尔奖之后仍是这样，头发蓬乱，以至于来求见他的年轻人不敢相信眼前这位就是大名鼎鼎的爱因斯坦。

虽然在移居美国后，爱因斯坦的生活状况有了大的改观，但是他在装束上依然很随便。他经常穿着一件灰色的毛线衣，衣领上别着一支钢笔，不穿袜子，甚至连面见罗斯福总统时，他都没有穿袜子。

有许多人不知道，爱因斯坦还是一位出色的小提琴手，对音乐有很深的造诣。他的母亲波林是一位具有文化修养的女性，爱好音乐，是爱因斯坦的启蒙老师。爱因斯坦六岁开始学习小提琴，学习小提琴时，他是通过莫扎特的奏鸣曲来学习的，他爱上了莫扎特，小提琴也成了爱因斯坦科学生涯中的终身伴侣和欢乐女神，它为这位科学家驱散了忧郁和喧嚣，驱走了混乱和邪恶。七年之后，他懂得了和声学和曲式学的数学结构。

爱因斯坦认为，想象力是科学研究中的重要因素，而音乐对于想象力是直接有帮助的。无论走到哪里，他总是带着心爱的小提琴。他曾经和著名科学家、量子论的创始人普朗克一起演奏贝多芬的音乐作品，成为科学界的美谈。

在科学研究陷入困境时，爱因斯坦会暂时放下手中的工作，拉上一段曲子，让自己的身心沉浸在美妙和谐的旋律中，以科学家的深邃目光欣赏音乐，理解音乐，把物理学和音乐同样视为美的化身，这是一般人所无法进入的崇高境界。

爱因斯坦作为一代科学大师，丝毫没有忘记自己的社会责任感。

两次世界大战使他的祖国千疮百孔。一瞬间，有人把它变成了疯狂的野兽，并把这种疯狂变成每个人心中的枷锁。于是放火、杀戮，仿佛成为唯一正义的事业。整个祖国背叛了爱因斯坦，他为此陷入深深的苦闷与孤独之中。

他把他周围的知识分子当成自己的祖国，但他们并没有为自己保持一点操守。在一个为军国主义的暴行辩护的被称为《文明世界的宣言》上，在众多科学家中，只有包括爱因斯坦在内的4人为反暴行签了名。

在普鲁士科学院的会议厅里，他只是一个做实验的物理学家，但是却没有人敢靠近他。他被视为一个危险分子，他的周围充满了敌意。他的祖国抛弃了他，他周围的知识分子抛弃了他。就这样，他成了一个孤独者。但是他是幸运的，至少他要比那些死于汽油与火的犹太人幸运，因为后来，它可以自由地在美国的土地上呼吸和生存。

虽然他遭受了政治的迫害，但是他还把全部的激情献给了政治斗争。他开始全身心地投入各种公开和秘密的反战运动，他召唤更多的人为和平而战。

1921年，爱因斯坦第二次获得了诺贝尔物理学奖，在此期间，他一如既往地保持着独自思考的性格。他在那里几乎与世隔绝。爱因斯坦用孤独表现出了他对科学和事业的执着追求。因为只有在孤独的世界里，他才能找到自我，和他探索的宇宙融为一体。

成名后，各种应酬、社会活动却接踵而至，令爱因斯坦非常头疼。他生性孤独，不愿花太多时间在其他方面。在美国生活的几十年中，爱因斯坦一直过着寂寞宁静的生活。

也许没有几个人真正喜欢孤独，但是正是因为孤独，才让爱因斯坦得到了无限的欢乐和宁静。他在孤独中获得一切，这是别人所无法体验的。

性格决定命运。这话说得一点没错。孤独的爱因斯坦成就了一个伟大的科学家。所以，在人际交往过程中，也要学会分析对方的性格，不要以貌取人，也不要武断地就给人下定论，也许那一个你觉得不起眼的人，他日就会成为一个伟大的人物。

通过人格看做人

对于一个人来说，无论他取得的成就有多大，都不是最令他骄傲和欣慰的事。因为真正值得他骄傲和欣慰的事，是他从来没有不良的记录，是一个干干净净的人。

为什么林肯总统有那么高的声望？为什么他能受到美国人民甚至是全世界人民的敬佩与赞赏呢？那是因为他有高尚的人格，他一直尽心尽职地工作着，从来都没有不良的工作记录，当然他也不做有损自己声誉的事情。

无论是在哪个国度，不论是哪个时期，不论你是腰缠万贯的富翁还是一贫如洗的穷人，不论你是高官显赫还是一介平民，有一点你必须承认：人格的力量是无穷的，它在人类文明发展史上的作用也是巨大的。

当一个人发现自己对社会意味着什么，当他意识到自己所做的一切都不是为了沽名钓誉，当他全身心投入到为人类谋福利的事业当中去的时候，他就成了世界上一个了不起的人，一个重要的人。

现在，有许多人都被同一个问题困扰——他们觉得自己除了代表自己的利益以外，他们并不代表其他什么。也许他们中的许多人都接受过良好的高等教育，都有丰富的专业知识或者一技之长，但是他们却很自私。他们只为自己而活。这使他们的人格魅力大打折扣。

要找到一个有丰富的专业知识、过硬的专业技术，并且在行业中声名显赫的律师或者医生并不难，但是要找到一个一直兢兢业业工作、从来没有不良记录的律师或者医生却很难；要找到一个成功的商人很容易，但是要找到一个把人格置于生意之上的商人却很难。为什么会出现这样的情况？

因为，这个社会，这个世界需要的是这样的人——他不仅有一技之长，他更要坚守做人的原则，他能意识到自己对社会意味着什么，他能感受到自己所做的工作对社会的价值。

罗斯福总统年轻的时候，就下定决心绝对不做有损自己声誉的事情。在他的日常生活中，无论是工作，还是结交朋友，他从来不允许自己做出有损自己名声的事情，即使那样会让自己失去部分财富，失去一些朋友，他也在所不惜。他一直这样严格要求自己，这与他后来成为美国历史上政绩显赫的总统有着很密切的关系。

在他的政治生涯当中，只要他不那么正直，不那么秉公执法，只要他稍微利用一下自己的政治地位和权力，他有很多发大财的机会。但是罗斯福没有这么做，他从来不会做违背良心和有损声誉的事情。他不想让自己的政治生涯史上有任何的不良记录，任何的污点。

如果说，在某一个职位上，就必须放弃自己做人原则的话，那他宁可放弃那个职位。他不允许自己去拿一分来路不明或者不干净的钱，尽管这样他会得罪很多人，也会给自己制造很多麻烦，但是他依然坚守自己做人的原则，刚正不阿。事实上，虽然有很多人都记恨他的“不给情面”，但是却又非常敬佩他的正直和诚实。

对于每一个人来说，有些东西是必须坚守的，是不能被贿赂的，是不能被收买的，而且在必要的时候你还要用生命去捍卫它的，比如人格，这是多少金钱和诱惑都不能撼动的。

一个人如果坚持自己的做人原则，忠于自己的理想，那么他就不会是永远的失败者。即使他不是声名显赫，即使他没有腰缠万贯，他也是值得肯定和尊敬的，最起码他在人格上得到了别人的认可，这是比任何财富都更有价值和意义的东西。

在林肯做律师的时候，他曾被要求庇护他的当事人，可是他拒绝这样做，他说：“如果我真的这样做了，我在法庭上会一直忐忑不安的，我会想自己在撒谎，我在犯错甚至是在犯罪，法庭不允许我这样做，我自己也不能容忍这样的行为。”

在日常生活中，一个人的人品常常被很多人忽略。他们看一个人往往看他是否精明能干，是否声名显赫，但是他们却很少强调这个人是否诚实，是否正直。显然他们并没有把一个人的人品放在重要的位置上。很多人非常敬佩那些诚实、正直、勇敢的人，可是他们自己却很少要求自己这样做。比如，在商场上，有很多商人都知道做生意应该讲信誉和实力，可是他们却往往靠欺瞒、夸大事实和其他伎俩来赚钱。

人品就是一个人的品行，代表着一个人的颜面和尊严。无论做什么，一个人的人品都是非常重要的，也是其他东西无法代替的。金钱财富、地位权力都无法弥补一个人人格上的缺陷。一个人不论他多富有，也不论他有多大的权力，如果在他的人品中找不到诚实与正直，那么他就永远不可能成为一个真正的成功者。当人们提到他的名字时，也许会因为他腰缠万贯，心生一丝羡慕，但是绝对不会对其有丝毫的敬佩之情。

有些商人成了大富翁，可是他们却难以得到员工的爱戴和崇敬，因为虽然这些富翁在金钱和物质财富上占有优势，但是他们在人格上却处于劣势。他们唯利是图，很少真正设身处地为自己的员工考虑，而且，他们有时候还不惜借用卑劣的伎俩为自己谋取财富。这样的人，何以赢得人们的敬佩呢？

要知道，人们向来尊重那些人格高尚的人。即使诚实正直的人没钱财，没权位，也同样会受到人们的爱戴，因为他们有令人敬佩不已的人格。人格的力量是伟大的。当然你也可以不完全赞成这个观点。

对于一个人来说，只有具备了诚实正直的品质，才可以说是一个完整意义上的人。这样的人，才有获得成功的可能。当然，在这个世界上，也有很多不正直的人可以成为百万富翁，可以获得很大的权力，可是那不算是一种真正的成功。那就好像一个小偷顺利地偷到了别人的钱，你能说他获得了成功吗？如果你是这样的人，你会发现，当你拿到这些钱的时候，总有一种心神不宁的感觉，总为自己做过的事而感到不安。

总之，不论你从事什么工作，你都应该坚持自己，你不能仅仅因自己是一个律师、医生、商人或者农民等就放纵自己。你必须记住：一个人首先应该是一个堂堂正正的人，只有做好了人，才有资格去做自己想做的事，才有希望达成期望中的目标并为之不懈努力！